E. & S. OPITZ

DAMPFLOKOMOTIVE – VENTILE – PUMPEN FÜR MAßSTAB 1:11 (5 ZOLL)

E. & S. OPITZ

DAMPFLOKOMOTIVE VENTILE - PUMPEN

FÜR MAẞSTAB 1:11 (5 ZOLL)

Dampf-Spezial

Herausgegeben von
Udo Mannek

Neckar-Verlag • Villingen-Schwenningen

Lieber Leser, liebe Leserin,
wenn neue Erkenntnisse zum vorliegenden Fachbuch oder Änderungen/Korrekturen des Inhaltes vorhanden sind, werden diese auf unserer Webseite www.neckar-verlag.de unter dem jeweiligen Titel zum Download veröffentlicht.

ISBN: 978-3-7883-1177-3

Printed in Germany by Silber Druck GmbH & Co. KG, 34253 Lohfelden

1 Inhaltsverzeichnis

Bilderverzeichnis:

Zeichnungen-Verzeichnis:

Tabellenverzeichnis:

2 Vorwort

Die Herausforderung bei der Herstellung von Rückschlagventilen ist die zuverlässige Funktionsfähigkeit. Rückschlagventile sollten in eine Richtung durchlässig und in der anderen Richtung zuverlässig dicht sein. Ist dies nicht gegeben, wird z. B. bei Pumpen kein Druck aufgebaut, und die Wasser- bzw. Ölversorgung bei Dampflokomotiven ist nicht sichergestellt.

In vielen Fällen werden die Rückschlagventile mit einer Kugel realisiert. Um einen korrekten Kugelsitz zu erhalten (die Dichtheit herzustellen), bekommt die Kugel meist einen kleinen Schlag mit dem Hammer … Voraussetzung hierfür, die Kugel sollte aus einem härteren Material gefertigt sein als das Ventilgehäuse bzw. der Kugelsitz. Ist dies nicht der Fall, besteht die Möglichkeit, dass sich die Kugel verformt, was wiederum zu Undichtigkeit führt …

Bei dem hier beschriebenen Rückschlagventilprinzip entfällt dieser Vorgang, da O-Ringe verwendet werden, was eine zuverlässige Funktionsfähigkeit der Rückschlagventile bzw. Pumpen erlaubt.

Um die hier beschriebenen Rückschlagventile, Dampfpfeifenventile und das Kesselspeiseventil herzustellen, benötigt man eine Drehmaschine.

Für die Herstellung der Pumpen ist eine Fräsmaschine von Vorteil, wenn man nicht von Hand feilen möchte.

Hartlöten ist für die Herstellung der hier beschriebenen Dampfpfeifenventile, des Kesselspeiseventils und der Pumpen notwendig.

** Im Andenken an meinen Vater, der mit dem Hobby angefangen hat und mir über die Jahre hinweg viel beigebracht hat, und an meine Mutter, die uns immer unterstützt hat. **

Zwei Videos zu diesem Buch finden sie unter:

Ölpumpen: https://youtu.be/0iWSKZp_GjQ

Wasserpumpen: https://youtu.be/7zoQJFeTbUc

3 Rückschlagventile

Rückschlagventile sind für den Betrieb von Dampflokomotiven essenziell. Wenn sie ausfallen, bleibt der Dampf nicht im Kessel, oder es kommt kein Wasser hinein.

Mein Vater hat die VA-Kugeln, die er für die Rückschlagventile verwendet hat, immer mit einem Hammer leicht eingeschlagen, um einen dichten Kugelsitz zu bekommen, was nicht immer gleich zum Erfolg geführt hat.

Ich möchte hier zwei Varianten vorstellen, eine mit Viton-O-Ring und eine mit einem Autoreifenventil.

Als Hobbyzeichner bitte ich vorab, die eventuell nicht normgerechten Darstellungen zu entschuldigen.

3.1 Rückschlagventil Version 1

Das Prinzip von Version 1 beruht auf einem Viton-O-Ring, einer 3-mm-VA-Edelstahlkugel, und einer VA-Feder. Materialkosten um die 5,– Euro.

Für das Rückschlagventil müssen zwei Teile hergestellt werden: ein „Ventilgehäuse" und ein „Einsatz". Der Einsatz wird mit dem Ventilgehäuse verschraubt, fixiert somit den O-Ring im Ventilgehäuse und dichtet es im gleichen Moment ab. Von der Ventilgehäuseseite wird die VA-Kugel eingesetzt und über die VA-Feder gegen den O-Ring gedrückt. Die Kombination aus O-Ring und VA-Kugel sorgt für eine 100%ige Funktion des Rückschlagventils. Mit der Auswahl der VA-Feder(stärke) kann der Widerstand eingestellt werden, ab welchem Druck das Rückschlagventil öffnen soll. Das Gewinde kann man zur Sicherheit vor dem Einbau noch mit etwas Hylomar blue (-50 °C bis +250 °C) oder Ähnlichem abdichten.

Zeichnung 1 zeigt nur die Hauptelemente des Rückschlagventils. Nicht dargestellt ist die linke und die rechte Anschlussverschraubung. Die Fertigungsmaße der einzelnen Elemente befinden sich im **Anhang A**.

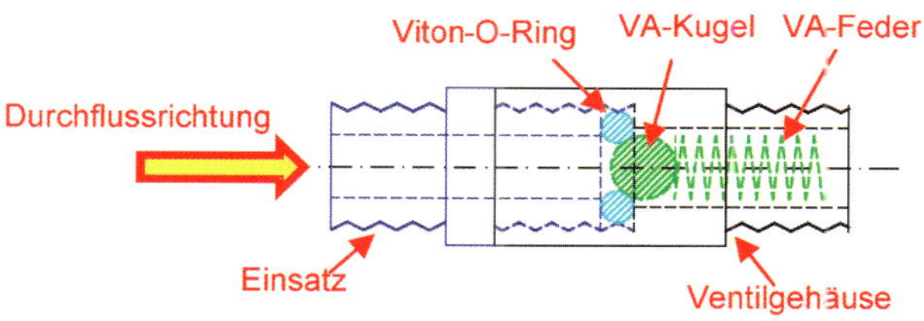

Zeichnung 1: Rückschlagventil mit Kugel und Feder

3.2 Rückschlagventil Version 2

Mein Vater zeigte mir einmal ein Autoreifenventil und meinte, dass man dieses z. B. für Rückschlagventile oder Ähnliches verwenden müsste. Da er aber nicht ganz davon überzeugt war und damals keine kompakte Bauform fand etc., hatte er die Idee nicht weiterverfolgt.

In der Zwischenzeit habe ich ein kompaktes „Autoreifenventil" gefunden, das laut Datenblatt aus PTFE-Dichtungen besteht und eine Länge von 29 mm hat. Temperaturbeständig von -60 °C bis 200 °C. Öffnungsdruck ~3 bar ± 25 %. Arbeitsdruck 20 bar (DIN 7757). 100 Stück für 16,68 € + Versandkosten.

Spezialwerkzeug:

- Ventildreher ~ 5,– Euro oder selber machen
- Ventilgewindebohrer VG5 für ~ 70,– Euro

Für das Rückschlagventil 2 benötigt man nur ein „Ventilgehäuse“ und ein „Autoreifenventil“. Das Autoreifenventil wird mit dem Ventildreher ins Ventilgehäuse eingeschraubt, fertig.

Zeichnung 2 zeigt das Ventilgehäuse neben dem verwendeten Autoreifenventil. Nicht dargestellt ist die linke und die rechte Anschlussverschraubung. Die Fertigungsmaße der einzelnen Elemente befinden sich im **Anhang B**.

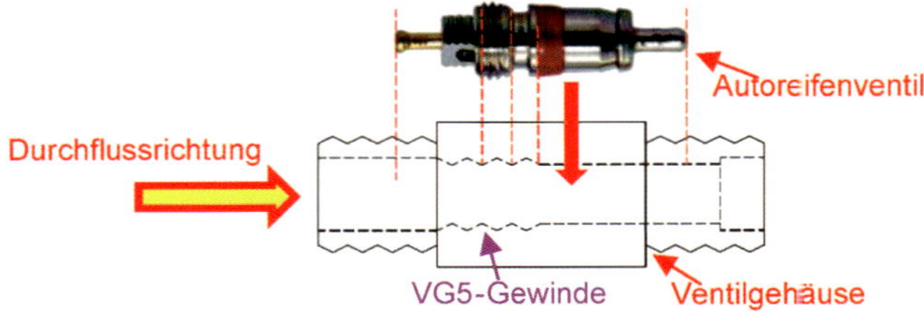

Zeichnung 2: Rückschlagventil mit Autoreifenventil

4 Dampfpfeifenventile

Nach dem Bau der Rückschlagventile war es naheliegend, auch zwei Dampfpfeifenventile nach dem zuvor beschriebenen Prinzip der Rückschlagventile zu bauen.

4.1 Dampfpfeifenventil Variante 1

Für die Variante 1 mit O-Ring müssen ein Ventilgehäuse, ein Einsatz und ein Anschlussgewinde hergestellt werden. Der VA-Stößel, der durch den Hebel betätigt wird, wird durch die Bohrung im Einsatz geführt, damit er genau mittig auf die Kugel drücken kann, siehe **Zeichnung 3**. Der Stößel-Durchmesser sollte kleiner sein als der Innendurchmesser des O-Ringes, sonst geht kein Dampf durch.

Die Bohrung durch den Einsatz wird erst gebohrt, nachdem der Einsatz komplett eingeschraubt ist (nicht vergessen, den O-Ring vorher einzusetzen). Natürlich sollte das Anschlussgewinde vorher mit dem Ventilgehäuse hart verlötet werden, siehe **Bild 11**. Die Fertigungsmaße der einzelnen Elemente befinden sich im **Anhang C**.

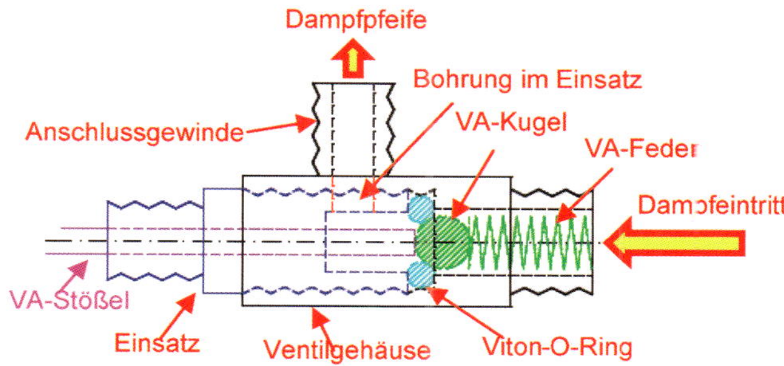

Zeichnung 3: Dampfpfeifenventil mit Kugel und Feder

4.2 Dampfpfeifenventil Variante 2

Für die Variante 2 mit Autoreifenventil müssen ebenfalls drei Teile hergestellt werden: ein Ventilgehäuse, ein Einsatz und ein Anschlussgewinde. Das Anschlussgewinde muss mit dem Ventilgehäuse verlötet werden. Der VA-Stößel, der durch den Hebel betätigt wird, wird durch die Bohrung im Einsatz geführt, damit er genau mittig auf das Autoreifenventil drücken kann, siehe **Zeichnung 4**. Die Fertigungsmaße der einzelnen Elemente befinden sich im **Anhang D**.

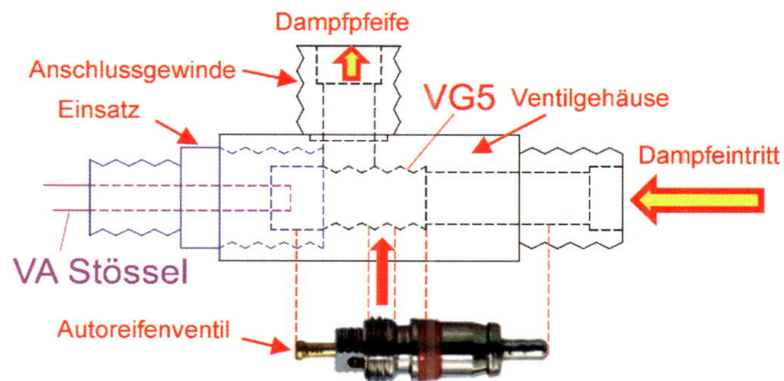

Zeichnung 4: Dampfpfeifenventil mit Autoreifenventil

5 Kesselspeiseventil

Das Prinzip des Rückschlagventils mit O-Ring lässt sich ebenfalls für ein Kesselspeiseventil verwenden.

Das Kesselspeiseventil ist eine Kombination aus einem Rückschlagventil und einem Absperrventil. Das Rückschlagventilgehäuse und das Absperrventilgehäuse werden mit einem kurzen Kupferrohr verbunden (zusammengesteckt), und danach hart verlötet. Die Spindel wird in die Spindelführung geschraubt und danach ins Absperrventilgehäuse eingeschraubt. Mit der Spindelmutter und einem Viton-O-Ring wird die Spindel mit der Spindelführung abgedichtet. Die Länge „X“ mit Gewinde wird dem verwendeten Kessel angepasst.

Das Kesselspeiseventil besteht insgesamt aus **acht Elementen**. Die Fertigungsmaße der einzelnen Elemente befinden sich im **Anhang E**.

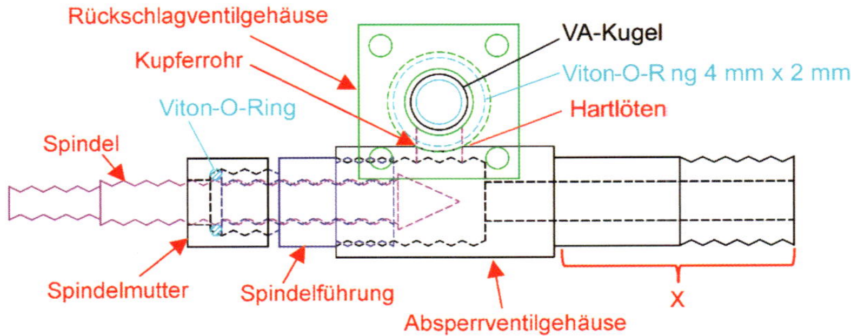

Zeichnung 5: Kesselspeiseventil Ansicht 1

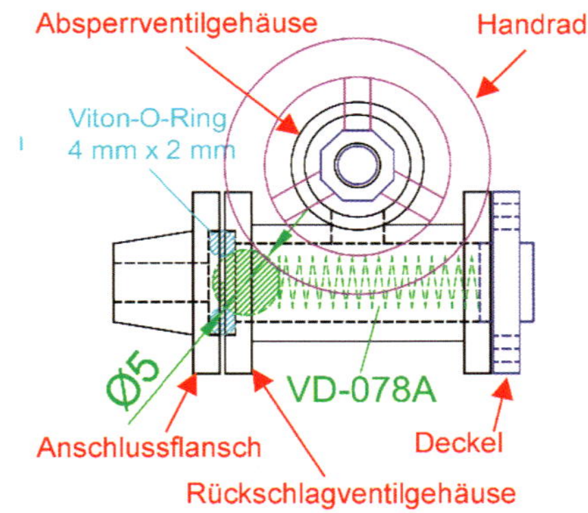

Zeichnung 6: Kesselspeiseventil Ansicht 2

6 Ölpumpen – Kolbenpumpen

Da das Prinzip mit O-Ring, VA-Kugel und VA-Feder gut funktioniert, habe ich dieses Prinzip auch für Ölpumpen basierend auf dem Kolbenpumpenprinzip angewandt. Die Ölpumpen werden für die Zylinderschmierung benötigt und müssen den Arbeitsdruck im Zylinder (Kesseldruck) überwinden können, damit das Öl auch in die Zylinder gelangt. Wie man im **Video** sehen kann, steigt der Ölpumpendruck bei den zwei hier vorgestellten Ölpumpen ohne Probleme auf über 6 bar. Der Pumpenhebel wird z. B. mit dem Schieberstangenkreuzkopf (BR80) der Dampflok angesteuert, siehe **Bild 1**.

Bild 1: Ölpumpenansteuerung

6.1 Ölpumpe Variante 1 – Einhubpumpe

Die Ölpumpenvariante 1 basiert auf einem Hebelantrieb mit Freilaufkugellager. Bei jeder Hin- und Herbewegung des Pumpenhebels transportiert der Kolben einen Kolbenhub voll Öl in Richtung Zylinder. Die Pumpe selbst ohne Ölbehälterteile besteht aus insgesamt **11 Teilen**.

Der Einsatz wird als Erstes mit dem Kolben und der Feder zusammen in den Ölbehälterstutzen geschraubt. Wenn die innere Ölbehälterbreite größer als die hier vorgeschlagenen 28 mm ist, kann der Kolben (28,6 mm Länge) mit der Feder auch später über den Ölbehälter eingebaut werden.

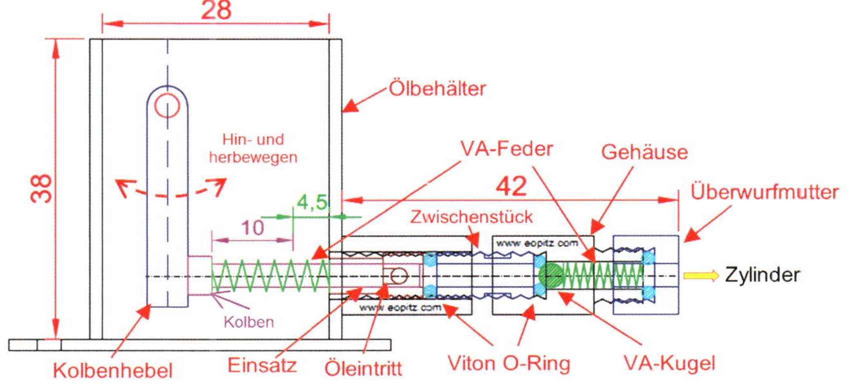

Zeichnung 7: Ölpumpe – Variante 1

Nach dem Einsatz folgt der O-Ring, der vom Zwischenstück gegen den Einsatz gedrückt wird. Der O-Ring ist für den Öldruck zuständig. Wenn das

Zwischenstück zu fest eingeschraubt wird, wird der O-Ring zerquetscht, und der Kolben kann sich nicht mehr frei bewegen. Das Zwischenstück sollte deshalb nur so fest angezogen werden, dass die Kolbenfeder den Kolben immer nach dem Einschieben wieder nach außen drücken kann (beim Testen nicht vergessen zu ölen). Das Gehäuse wird mit dem O-Ring des Rückschlagventils aufs Zwischenstück geschraubt und dichtet somit das Zwischenstück und das Gehäuse ab. Die VA-Kugel und die VA-Feder werden zum Schluss eingebaut und von der Überwurfmutter fixiert. Den O-Ring für die Kupferrohrabdichtung in der Überwurfmutter nicht vergessen. Die Gewinde kann man vor dem Einbau zur Sicherheit noch mit etwas Hylomar blue (-50 °C bis +250 °C) oder Ähnlichem abdichten.

Der Ölbehälter ist von einem Vierkantprofilrohr abgeschnitten und mit einer 2-mm-Bodenplatte aus Messing hart verlötet. Der Ölbehälteranschlussstutzen, in dem der Einsatz eingeschraubt wird, ist ebenfalls mit dem Ölbehälter hart verlötet. Die Länge des äußeren Pumpenhebels mit Freilaufkugellager ist der Lokomotive/Situation angepasst. Der innere Kolbenhebel ist dem verwendeten Ölbehälter angepasst.

ZUR INFORMATION: Wenn die Hebel richtig positioniert/eingestellt sind, sind die ersten ~5 mm Kolbenbewegung dafür da, das Öl anzusaugen und den Zylinder mit Öl zu füllen. Jede weitere Hebelbewegung/Kompressionsweg (Kw) transportiert dann das Öl Richtung Zylinder. Die transportierte Ölmenge Richtung Zylinder berechnet sich aus:

- Kompressionsweg (Kw) mal die Fläche des Kolbendurchmessers 2,5 mm.

Die Kolbenbewegung ist über die Pumpenhebellänge und dessen Ansteuerung einstellbar. Der gesamte Kolbenweg (Kg) wird durch die verwendete Kolbenfeder (komprimierter Zustand) begrenzt. Der Kompressionsweg (Kw) beträgt ~5 mm. Der gesamte Kolbenweg (Kg) beträgt ~10 mm. Die Fertigungsmaße der einzelnen Elemente für die beschriebene Ölpumpe befinden sich im **Anhang F**.

6.2 Ölpumpe Variante 2 – Exzenter Antrieb

Die Ölpumpenvariante 2 basiert auf einem Hebelantrieb mit Freilaufkugellager und Exzenter. Bei dieser Variante werden **mehrere** Hin- und Herbewegungen des Pumpenhebels benötigt, um den Kolben einmal auf und ab zu bewegen. Jede Aufwärtsbewegung des Exzenters saugt das Öl an, und jede Abwärtsbewegung transportiert das Öl Richtung Zylinder. Die Pumpleistung ist aus diesem Grund im Verhältnis zur Hebelbewegung geringer als bei der ersten Ölpumpenvariante.

Der Ölbehälter ist von einem Vierkantprofilrohr abgeschnitten und mit einer 2-mm-Bodenplatte aus Messing hart verlötet.

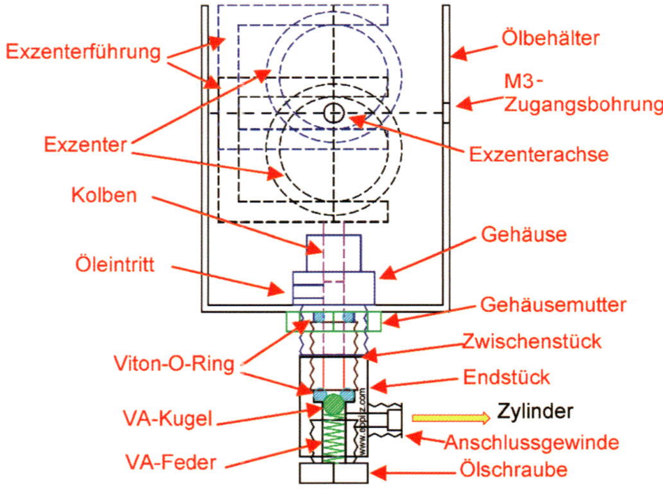

Zeichnung 8: Exzenter-Ölpumpe – Variante 2

Beim Zusammenbau wird als Erstes das Gehäuse mit dem Ölbehälter mit Hilfe der Gehäusemutter verschraubt. Zur sicheren Abdichtung des Gehäuses kann eine Kupferdichtung, Teflonband oder Ähnliches verwendet werden. Die Gehäusemutter wird ganz zum Schluss fest angezogen, nachdem das Endstück/Zylinderanschluss am Einbauort ausgerichtet wurde.

Nach der Gehäusemontage folgt der O-Ring, der vom Zwischenstück beim Einschrauben gegen das Gehäuse gedrückt wird und die beiden Teile abdichtet. Der O-Ring ist für den Öldruck zuständig. Wenn er nicht korrekt eingebaut wird oder verschlissen ist, baut sich kein Druck auf. Wenn das Zwischenstück zu fest eingeschraubt wird, wird der O-Ring zerquetscht und der Kolben kann sich nicht frei bewegen und zerstört den O-Ring (für Tests Öl verwenden). Das Zwischenstück sollte deshalb nicht zu leicht und nicht zu fest angezogen werden.

Das Endstück wird mit dem O-Ring des Rückschlagventils aufs Zwischenstück geschraubt und dichtet somit das Zwischenstück und das Endstück ab. Die VA-Kugel und die VA-Feder werden zum Schluss eingebaut und von der Ölschraube fixiert. Um die Ölschraube abzudichten, kann ebenfalls eine Kupferdichtung oder Teflonband etc. verwendet werden. Den O-Ring oder die Dichtschnur für die Kupferrohrabdichtung (Anschlussgewinde) in der Überwurfmutter nicht vergessen. Die Gewinde kann man vor dem Einbau zur Sicherheit noch mit etwas Hylomar blue (-50 °C bis +250 °C) oder Ähnlichem abdichten. Der Exzenter wird mit einem M3 Gewindestift (Madenschraube) mit der Exzenterachse verschraubt. Um ein Durchdrehen zu verhindern, kann die Exzenterachse an der Stelle, an der der Gewindestift auftrifft, vorher leicht abgefeilt werden.

ZUR INFORMATION: Die gesamte Kolbenbewegung (Kg) ist vom Exzenter vorgegeben und beträgt 11 mm. Um die Pumpenleistung zu berechnen, ist nur die Abwärtsbewegung von Interesse. Die Abwärtsbewegung teilt sich auf in:

- ~5,3 mm Ölansaugweg
- ~5,7 mm Kompressionsweg (Kw).

Die transportierte Ölmenge Richtung Zylinder berechnet sich aus:

- Kompressionsweg (Kw) mal die Fläche des Kolbendurchmessers 3 mm.

Die Exzenterdrehbewegung ist über die Pumpenhebellänge und dessen Ansteuerung einstellbar. Siehe auch **Bild 1**. Die Fertigungsmaße der einzelnen Elemente für die beschriebene Ölpumpe befinden sich im **Anhang G**.

Da das Freilaufkugellager im Pumpenhebel träge ist und nicht gut auf kurze Hebelbewegungen reagiert, habe ich eine Ratsche mit einem kleinen Zahnrad improvisiert, siehe **Bild 2**. Zur besseren Veranschaulichung des Prinzips habe ich die Ratsche (Zahnrad) nach außen verlegt. Wer genau hinschaut, kann die Trägheit des Freilaufkugellagers beim Überwinden des oberen Totpunkts im Video erkennen.

Die Idee, eine Ölpumpe mit einem Autoreifenventil zu bauen, habe ich verworfen, da das Autoreifenventil nicht die gleiche kompakte Bauweise erlaubt wie die O-Ringe-Variante. Die **Zeichnung 9** stellt zum Vergleich die beiden Ventilvarianten gegenüber.

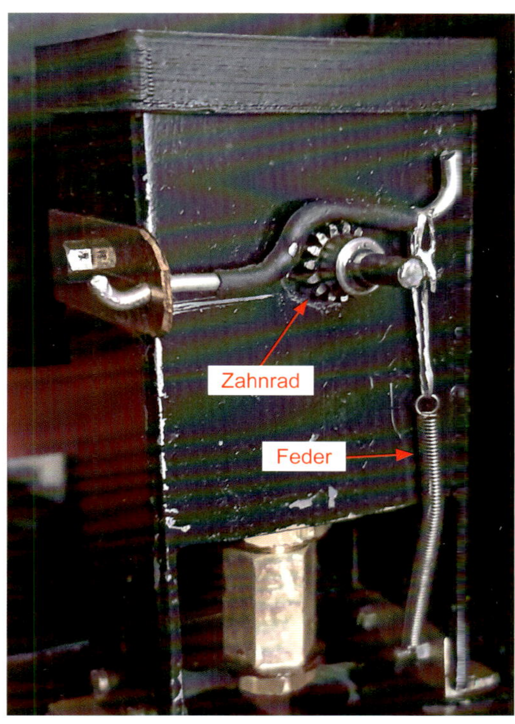

Bild 2: Ratsche für Ölpumpe

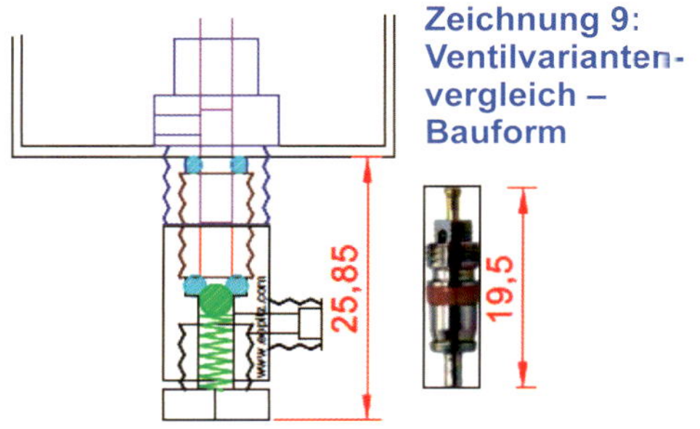

Zeichnung 9: Ventilvariantenvergleich – Bauform

7 Wasserpumpe

Das Prinzip mit O-Ring, VA-Kugel und VA-Feder funktioniert auch, um Wasserpumpen zu bauen. Um Wasser in den Kessel pumpen zu können, muss der Arbeitsdruck im Kessel überwunden werden. Wie man im **Video** sehen kann, steigt der Wasserdruck von beiden hier vorgestellten Wasserpumpen ohne Probleme auf über 6 bar. Die Pumpe ist so konstruiert, dass sie von Hand über einen Pumpenhebel oder mit Hilfe eines elektrischen Motors betrieben werden kann. Beim Testaufbau habe ich einen 12-V-Motor mit einer Lastumdrehung von 52 Umdrehungen pro Minute und 6 kg/cm „Steady gear load“ von Modelcraft verwendet. Den Motor hatte ich gerade zur Hand … Persönlich werde ich versuchen, ihn gegen einen leiseren mit ungefähr 100 Umdrehungen pro Minute zu ersetzen.

Mir sind zwei Möglichkeiten bekannt, wie man den beweglichen Kolben der Wasserpumpe abdichten kann:

1) Pumpenvariante 1:
Die Dichtringe (O-Ringe) werden wie Kolbenringe am Kolben angepasst, siehe **Bild 3**. Für diese Variante muss der Zylinder glatt sein, sonst werden die O-Ringe zu schnell abgenutzt und die Pumpe wird undicht und baut keinen Druck mehr auf. Daher mit einer Reibahle H7 oder besser die Bohrung/Zylinder auf das gewünschte Maß aufreiben.

Bild 3: Kolben mit O-Ringen

2) Pumpenvariante 2:
Die Dichtringe (O-Ringe) werden ins Pumpengehäuse eingebaut, siehe **Bild 4**. Bei dieser Bauart muss die Bohrung nicht extra bearbeitet werden. Die Messingrundstangen werden meist schon mit einer sehr glatten Oberfläche geliefert und können von den im Gehäuse fest installierten O-Ringen direkt abgedichtet werden.

Bild 4: Kolben ohne O-Ringe

Beim Bauen hat jede der beiden Pumpenvarianten ihre Vor- und Nachteile, und nur der noch bei mir ausstehende Langzeitbetrieb wird zeigen, welche der beiden Pumpenvarianten langlebiger/qualitativ besser ist.

ANMERKUNG: Bei gleichen Abmessungen des Pumpengehäuses, erlaubt die Pumpenvariante 1 die Verwendung eines größeren Kolbendurchmessers als die Pumpenvariante 2 (Innen- versus Außenabdichtung).

7.1 Pumpe abdichten

Für die Abdichtung der einzelnen Pumpengehäuseteile kann eine Flachdichtung z. B. WST-SIL200 (DVGW KTW W270) Dicke von 3 Zehntel verwendet werden. Um die Dichtung für die Wasserpumpe herzustellen, wird ein Stück Flachdichtung auf das Pumpenzwischenstück gelegt und mit z. B. einem Stück Kupfer und leichten Schlägen auf die Kanten angezeichnet, siehe **Bild 5**. Wenn die Kanten die Dichtung nicht gleich schneiden, werden die Bohrungen nach dem Anzeichnen mit einem Locheisen ausgeschlagen. Am besten ein Stück Hartholz als Unterlage verwenden, damit die Locheisen nicht stumpf werden.

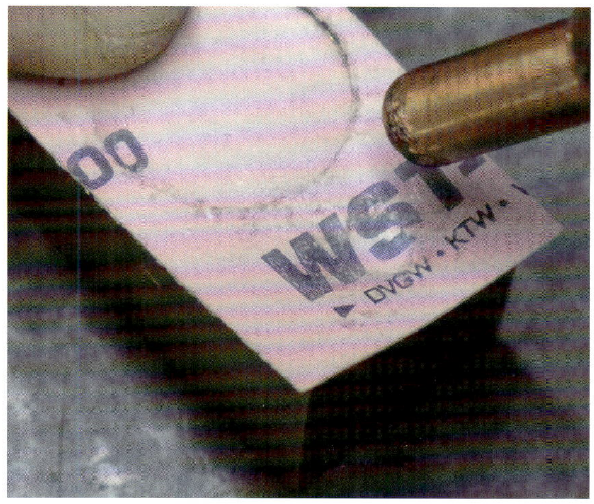

Bild 5: Dichtung

Die Gewinde der Anschlussstücke und der Verschlussschraube können mit PTFE-/Teflon-Dichtungsband abgedichtet werden. Dabei muss auf die korrekte Wickelrichtung geachtet werden, damit sich das Dichtungsband beim Eindrehen der Anschlussstücke/Verschlussschraube ins Ventilgehäuse nicht herausdreht.

7.2 Rückschlagventile einstellen

Die VA-Federn der Rückschlagventile müssen angepasst/gekürzt werden. Die VA-Feder des Rückschlagventils der Ansaugleitung darf die VA-Kugel **nur leicht** gegen den O-Ring drücken. Ist der Federdruck zu stark, kann der schwache Ansaugdruck (Unterdruck) der durch die Kolbenbewegung entsteht, kein Wasser ansaugen. Das Gleiche gilt für die Feder des Rückschlagventils der Druckleitung, die den Durchlassdruck vorgibt. Die Einstellung des Rückschlagventils der Druckleitung ist aber nicht so kritisch wie die Einstellung der Feder des Rückschlagventils in der Ansaugleitung, da der Pumpendruck auf über 6 bar steigen kann.

7.3 Zusammenbau/Inbetriebnahme

Die Zylinder/O-Ringe sollten vor dem Zusammenbau **leicht** geölt werden. Das erleichtert den Zusammenbau und verhindert, dass die O-Ringe gleich zu Beginn beschädigt werden.

7.4 Wasserpumpe – Variante 1

Die Pumpenvariante 1 besteht aus drei Hauptelementen: dem Pumpengehäuse, dem Ventilgehäuse und dem Kolben, siehe **Zeichnung 10**.

Um eine glatte Zylinderoberfläche im Pumpengehäuse zu erhalten, wurde die Zylinderbohrung mit einer Reibahle H7 auf das gewünschte Maß aufgerieben. Um die Passgenauigkeit der vier Gehäuseschrauben zu erhöhen, wurden das Pumpengehäuse und das Ventilgehäuse im Block (zusammen eingespannt) vorgebohrt. Beim Zusammenbau die Flachdichtung nicht vergessen. Wer die Möglichkeit besitzt, kann auch die gesamte Pumpe (Pumpengehäuse, Ventilgehäuse) aus einem Stück herstellen.

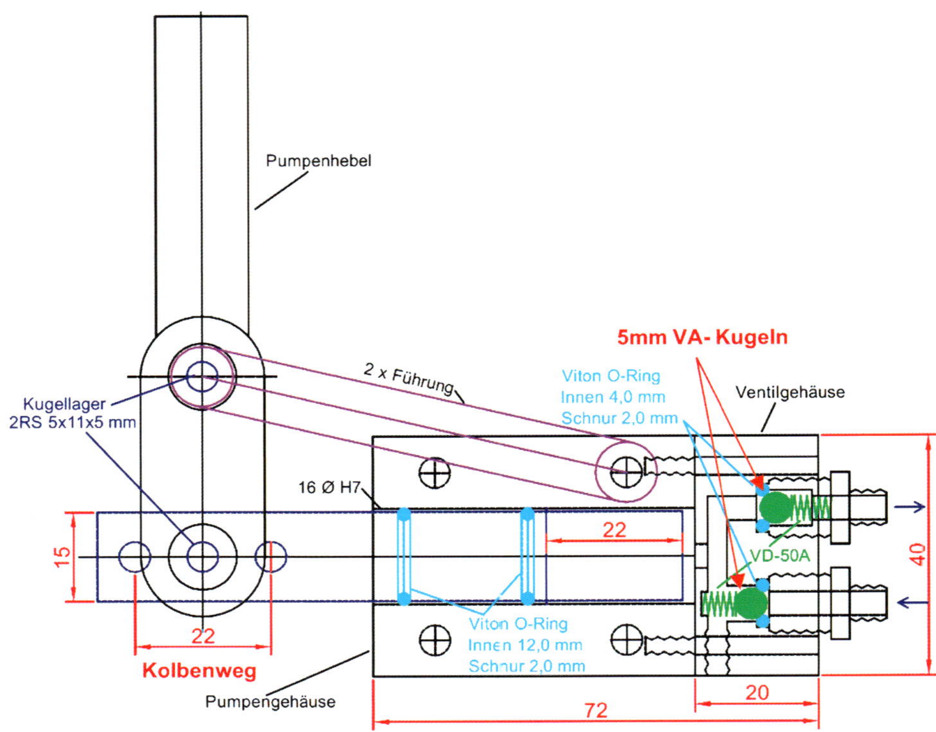

Zeichnung 10: Wasserpumpe V1 – Aufbau

Die Fördermenge der Pumpe ist abhängig von der Kreisfläche des Kolbendurchmessers (~16 mm), dem Kolbenweg (~22 mm) und der Kolbenbewegung pro Minute.

Um die Leichtgängigkeit der Handpumpe bzw. elektrisch betriebenen Pumpe zu erhöhen, wurden Kugellager im Pumpenhebel bzw. in der Treibstange eingebaut. Die Fertigungsmaße der einzelnen Elemente für die beschriebene Wasserpumpe befinden sich im **Anhang H**. Die Einzelteile für die Handpumpe befinden sich im **Anhang J**. Die Einzelteile für einen E-Motor-Antrieb befinden sich im **Anhang K**.

7.5 Wasserpumpe – Variante 2

Die Pumpenvariante 2 besteht aus vier Hauptelementen: dem Pumpengehäuse mit den zwei Rückschlagventilen, dem Pumpenzwischenstück, dem Pumpendeckel und dem Kolben, siehe **Zeichnung 11**. Um die Passgenauigkeit der vier Gehäuseschrauben zu erhöhen, wurden das Pumpengehäuse, das Pumpenzwischenstück und der Pumpendeckel im Block (zusammen eingespannt) vorgebohrt.

Die O-Ringe werden bei dieser Variante im Pumpenzwischenstück untergebracht. Bei dieser Bauform reduziert sich dadurch zwangsläufig der Kolbendurchmesser im Vergleich zur Pumpenvariante 1 bei fast gleichbleibenden Außenmaßen und gleichem Kolbenweg.

Die Fördermenge der Pumpe ist abhängig von der Kreisfläche des Kolbendurchmessers (~12 mm), dem Kolbenweg (~22 mm) und der Kolbenbewegung pro Minute.

Man sollte darauf achten, dass die verwendete Messingrundstange (Kolben) nicht beschädigt/verkratzt ist. Die Dichtheit der O-Ringe im Pumpenzwischenstück wird dadurch erreicht, dass die O-Ringe durch die einzelnen Pumpengehäuseteile leicht zusammengedrückt werden. Die zwei Flachdichtungen nicht vergessen. Die Zylinderoberfläche muss bei dieser Variante nicht speziell bearbeitet werden.

Um die Leichtgängigkeit der Handpumpe bzw. elektrisch betriebenen Pumpe zu erhöhen, wurden Kugellager im Pumpenhebel bzw. in der Treibstange eingebaut. Die Fertigungsmaße der einzelnen Elemente für die beschriebene Wasserpumpe befinden sich im **Anhang I**. Die Einzelteile für die Handpumpe befinden sich im **Anhang J**. Die Einzelteile für einen E-Motor-Antrieb befinden sich im **Anhang K**.

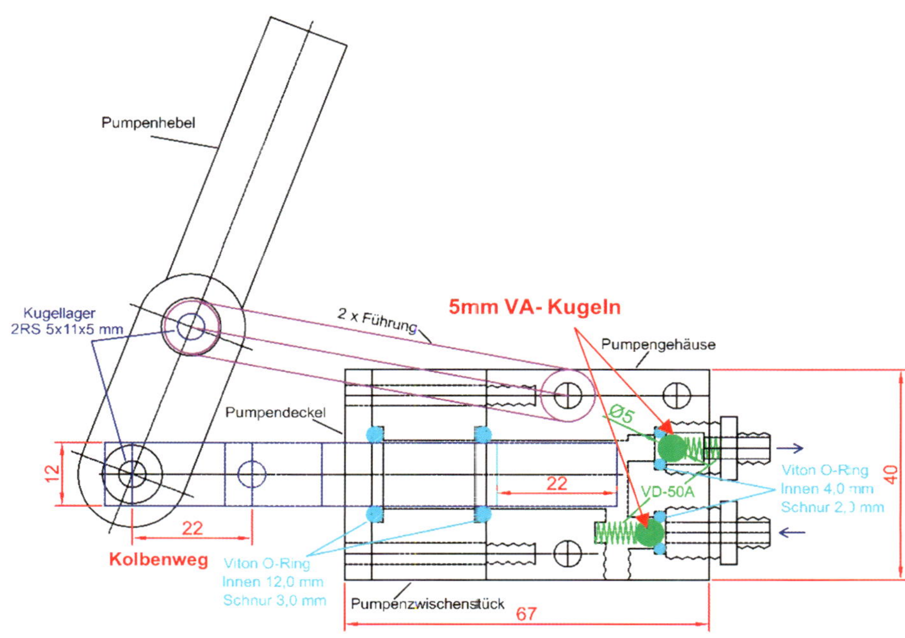

Zeichnung 11: Wasserpumpe V2 – Aufbau

7.6 Fahrpumpe

Eine Fahrpumpe kann auf dem gleichen Prinzip (O-Ring, VA-Kugel und VA-Feder) aufgebaut werden. Der Antrieb erfolgt wie bei dem elektrischen Pumpenantrieb, nur dass bei der Fahrpumpe der E-Motor durch einen Exzenter auf der Antriebsachse der Dampflok ersetzt wird. Die Position/Lage der Rückschlagventile können der Umgebung angepasst und eventuell gedreht werden … Zu beachten ist, dass für eine Doppel- oder Mehrkolbenpumpe für jeden Kolben ein Einlassventil und ein Auslassventil notwendig ist.

Bild 6 zeigt eine eingebaute doppelte Fahrpumpe von unten.

Die Kolbengröße der Wasserpumpe sollte der Dampflok angepasst werden. Wenn die Kolben zu groß gewählt werden, kann die Lokomotive beim langsamen Fahren ruckeln. Es ist zu bedenken, dass jede Kompressionsphase der Kolben einen Einfluss auf die Fahreigenschaft hat und die Lokomotive „etwas“ bremst. Es sollte auch in Betracht gezogen werden, dass das Wasser durch die Kupferrohre bis in den Kessel gepumpt werden muss …

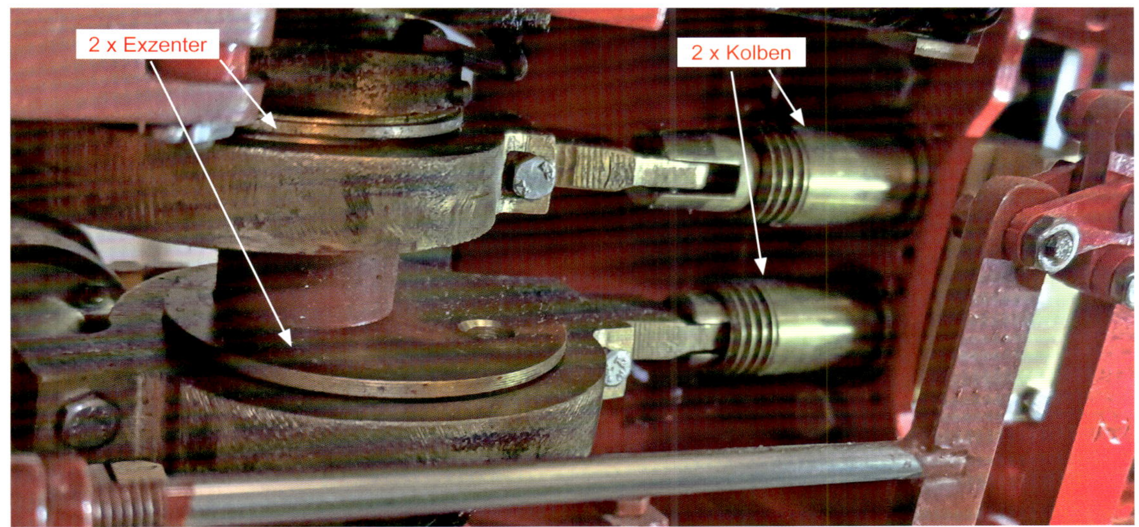

Bild 6: Fahrpumpe

8 Kupferrohr biegen

Die bekannteste Variante, um Kupferrohr zu biegen, ist, dass das Kupferrohr vor dem Biegen „dunkel"-rot vorgeglüht wird. Durch das Vorglühen wird das Kupfer weich. Nach dem Vorglühen wird es mit feinem Quarzsand lückenfrei befüllt. Der Quarzsand sorgt dafür, dass der innere Rohrquerschnitt beim Biegen nicht verändert wird.

Eine einfache Möglichkeit, eine Biegevorrichtung herzustellen, besteht darin, ein Stück Rundmaterial in die Drehbank einzuspannen und das Rundmaterial mit einem passenden eventuell Radius-Drehstahl auf die benötigte Breite und den benötigten Durchmesser abzudrehen. Danach kann man das Kupferrohr einlegen und rundbiegen. In meinem Fall habe ich ein U-Stück zum Anschluss der Dampfpfeife benötigt.

Bild 7: Biegevorrichtung

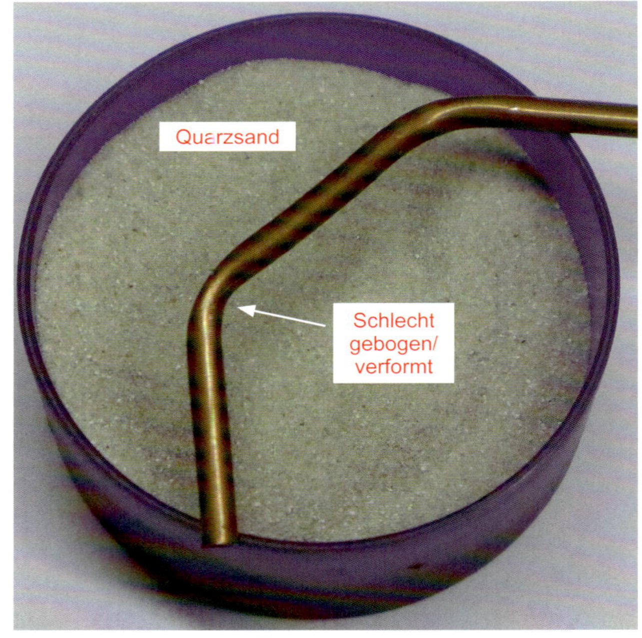

Bild 8: Quarzsand

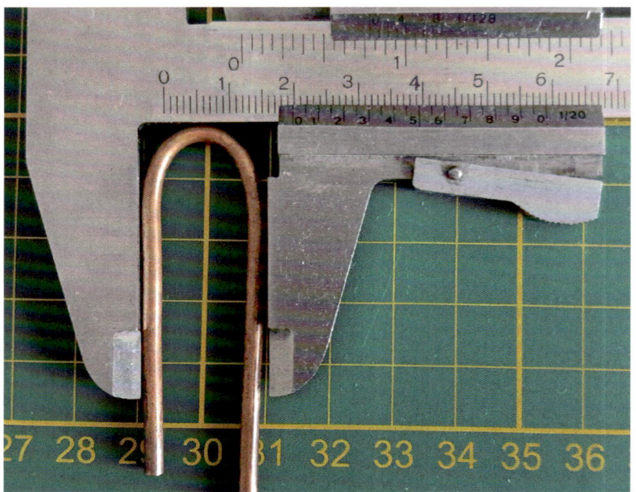

Bild 9: Gebogenes 5 mm Kupferrohr

Mit noch ein bisschen mehr Übung und eventuell einem Gegenstück wird es mit Sicherheit beim nächsten Mal noch etwas schöner.

9 Anhang

9 ANNEX A – Rückschlagventil mit O-Ring

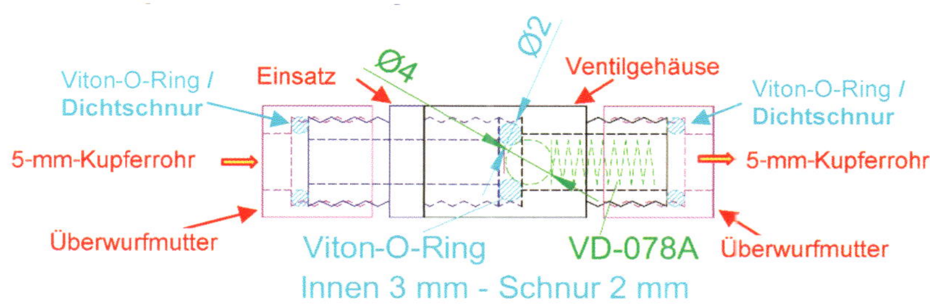

Zeichnung 12: Rückschlagventil mit O-Ring

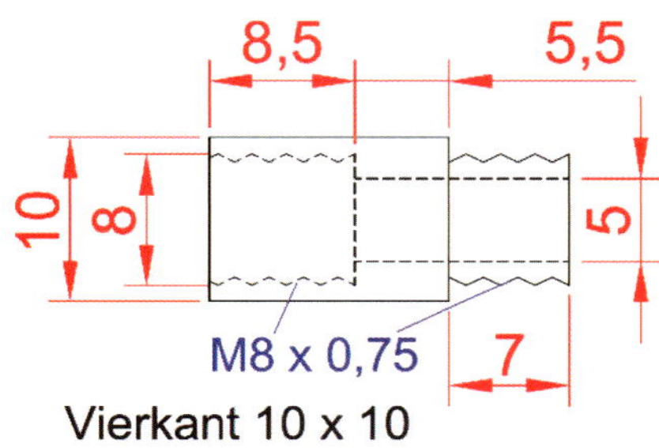

Zeichnung 13: Ventilgehäuse

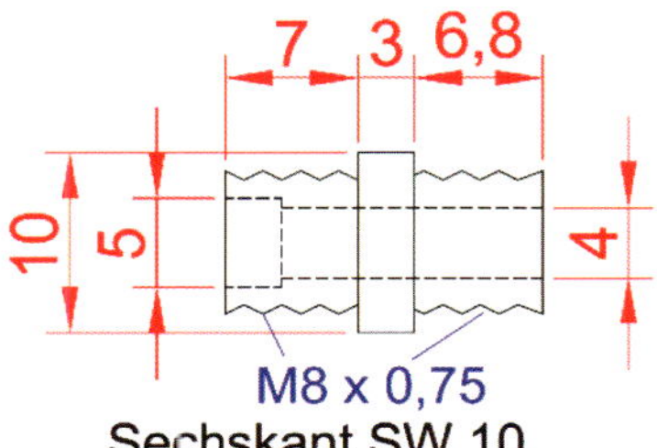

Zeichnung 14: Einsatz

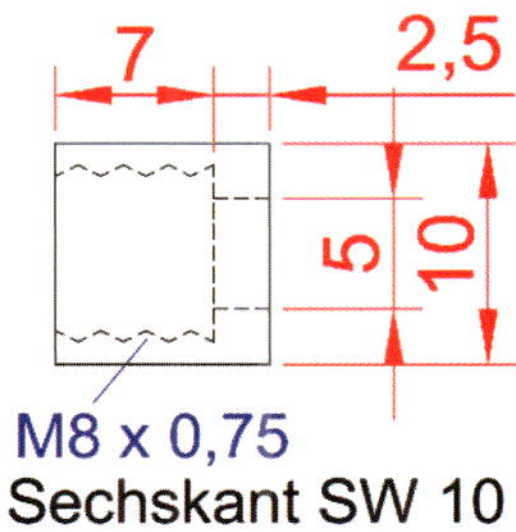

Zeichnung 15: Überwurfmutter

10 ANNEX B – Rückschlagventil mit Autoreifenventil

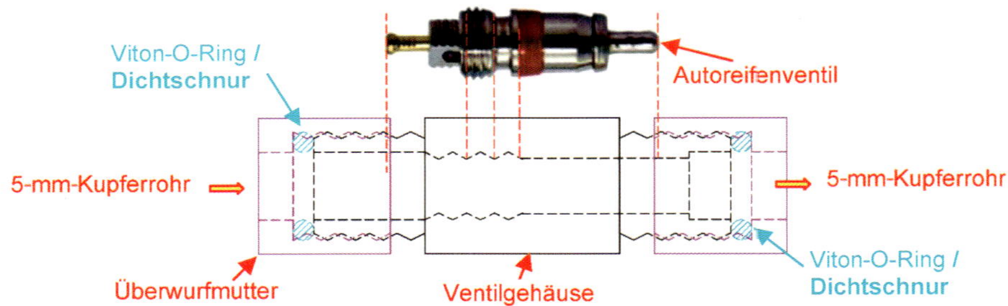

Zeichnung 16: Rückschlagventil mit Autoreifenventil – Übersicht

Zeichnung 17: Überwurfmutter

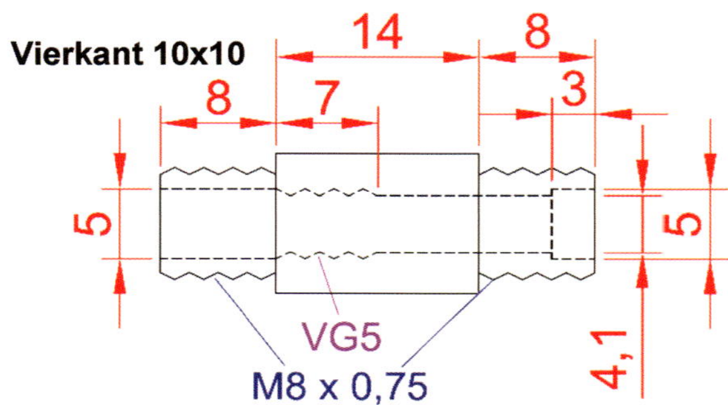

Zeichnung 18: Ventilgehäuse

11 ANNEX C – Dampfpfeifenventil mit O-Ring

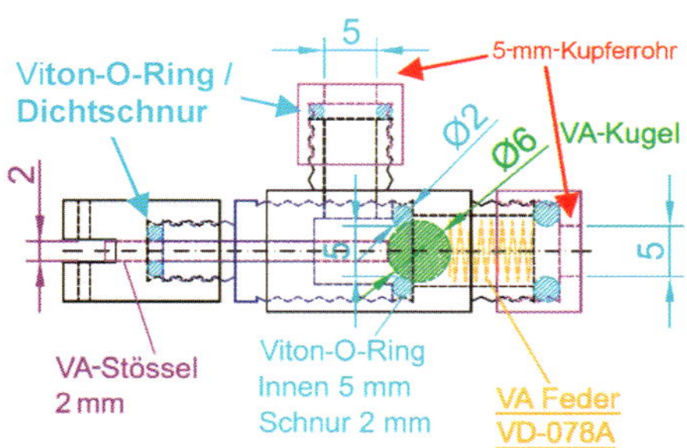

Zeichnung 19: Dampfpfeifenventil

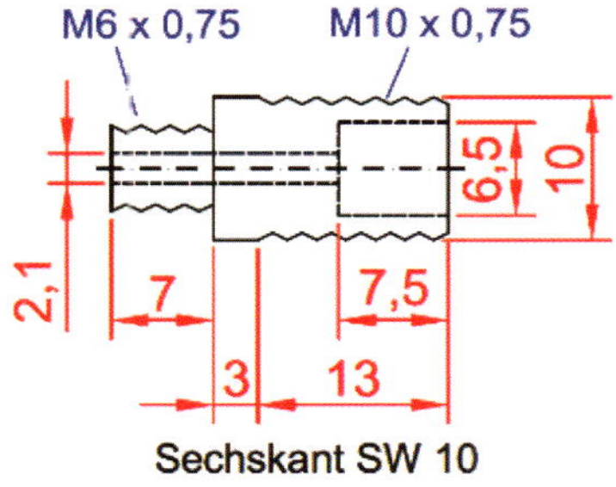

Zeichnung 20: Einsatz

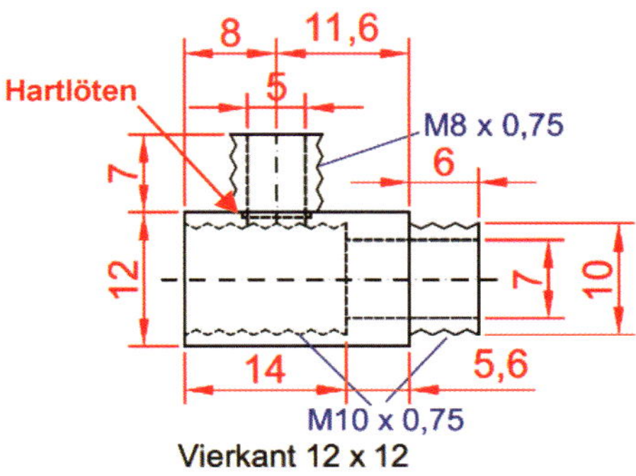

Zeichnung 21: Ventilgehäuse

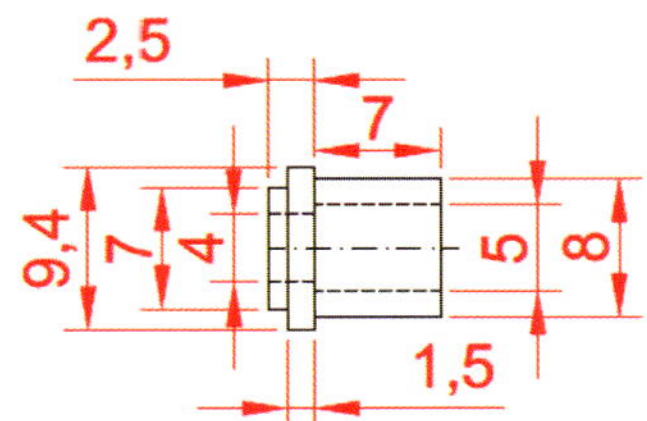

Zeichnung 22: Lötnippel für 5-mm-Kupferrohr

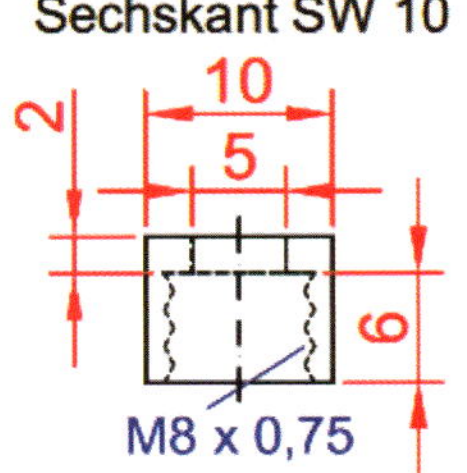

Zeichnung 23: Überwurfmutter Anschlussgewinde 5-mm-Kupferrohr

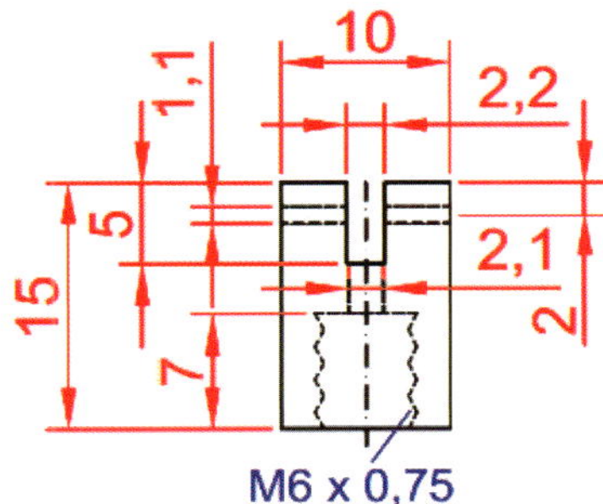

Zeichnung 24: Gabelkopf

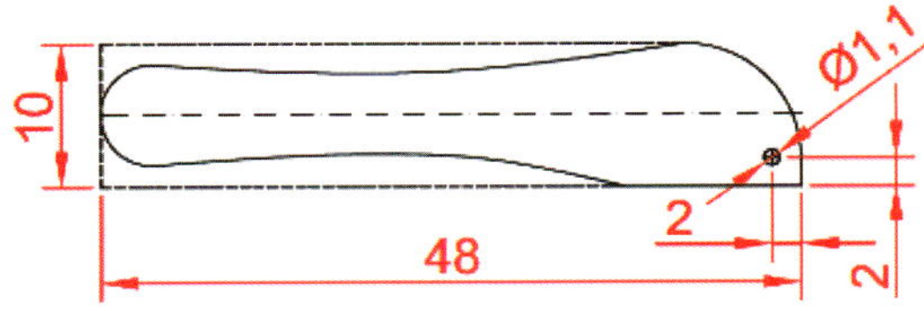

Zeichnung 25: Hebel aus 2-mm-Messing

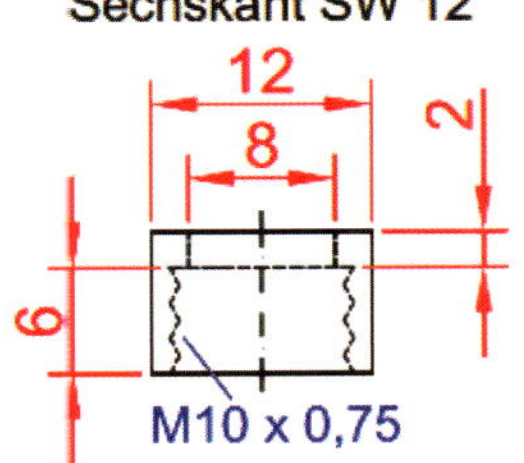

Zeichnung 26: Überwurfmutter für Lötnippel

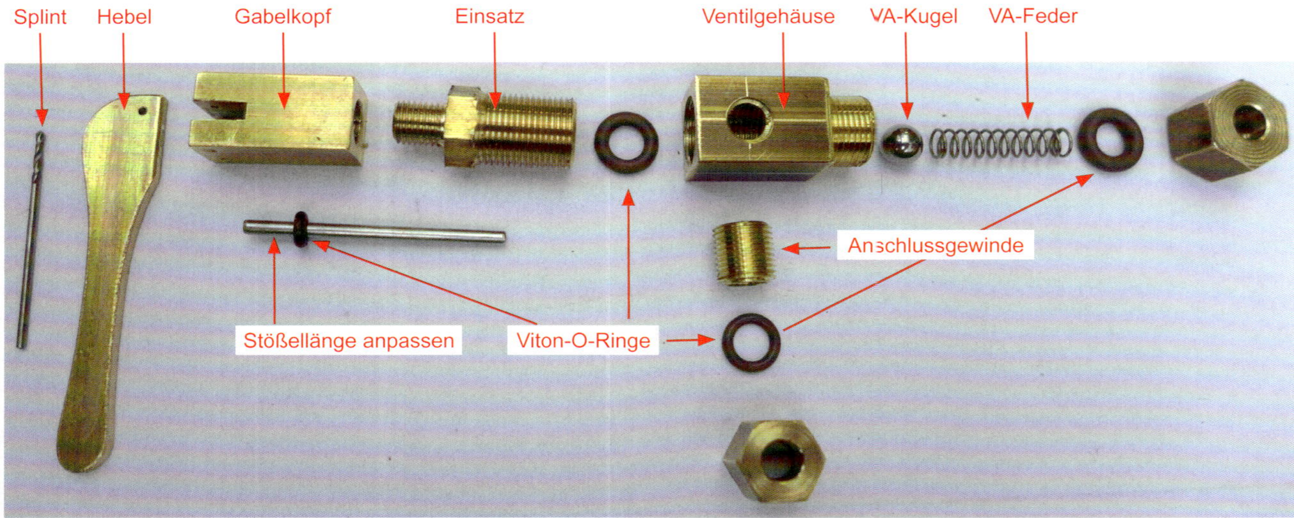

Bild 10: Variante 1 Einzelteile

Als Splint für den Hebel habe ich einen abgebrochenen 1-mm-Bohrer genommen und „eingeklebt".

Bild 11: Anschlussgewinde mit Ventilgehäuse verlötet & Einsatz gebohrt

12 ANNEX D – Dampfpfeifenventil mit Autoreifenventil

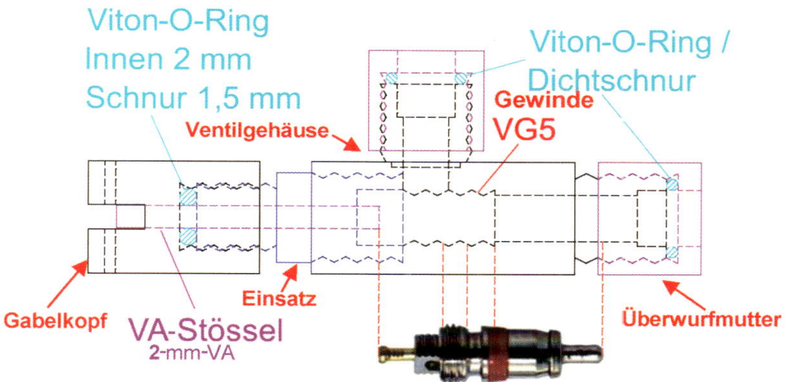

Zeichnung 27: Dampfpfeifenventil mit Autoreifenventil

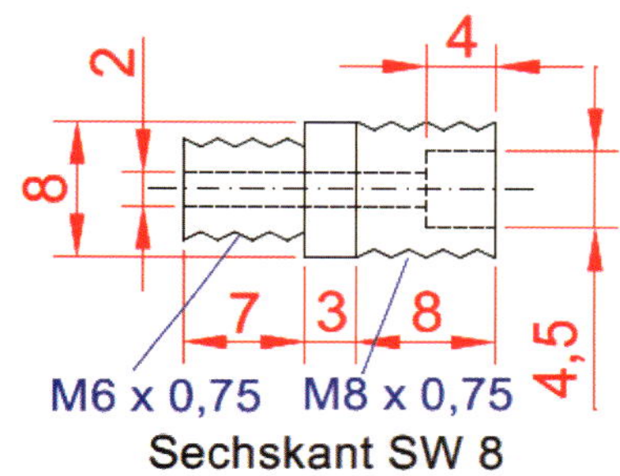

Zeichnung 28: Einsatz

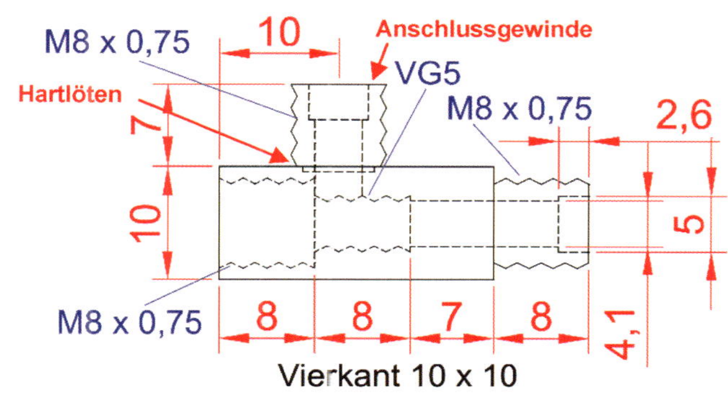

Zeichnung 29: Ventilgehäuse

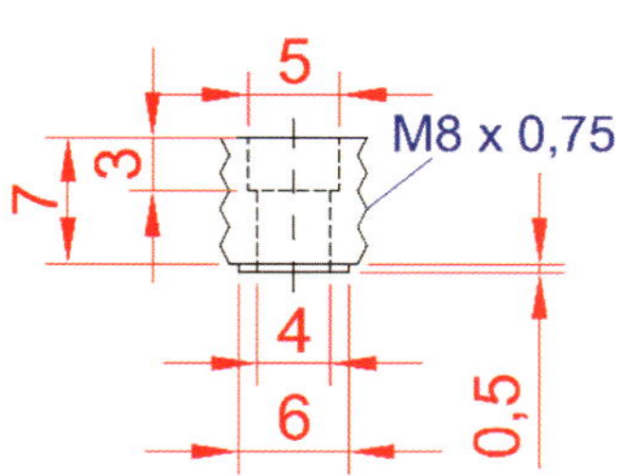

Zeichnung 30: Anschlussgewinde

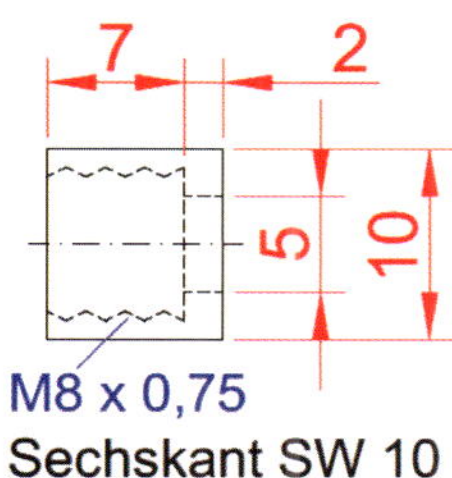

Zeichnung 31: Überwurfmutter

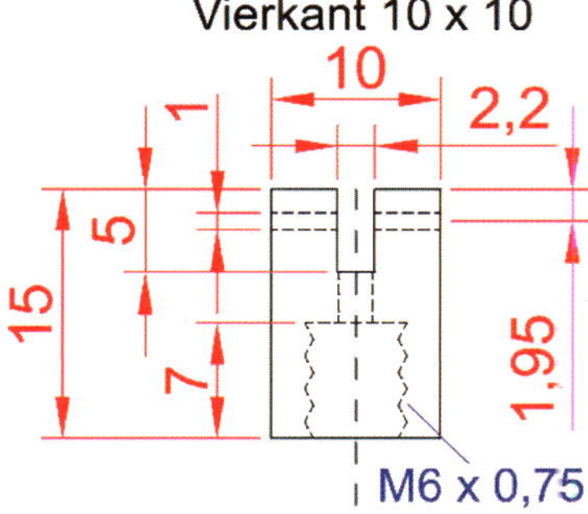

Zeichnung 32: Gabelkopf

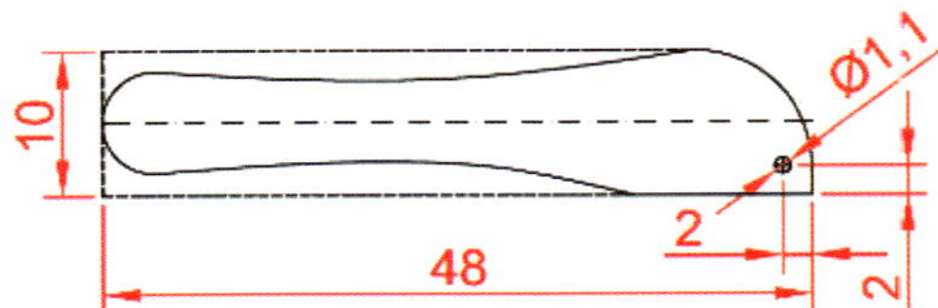

Zeichnung 33: Hebel aus 2-mm-Messing

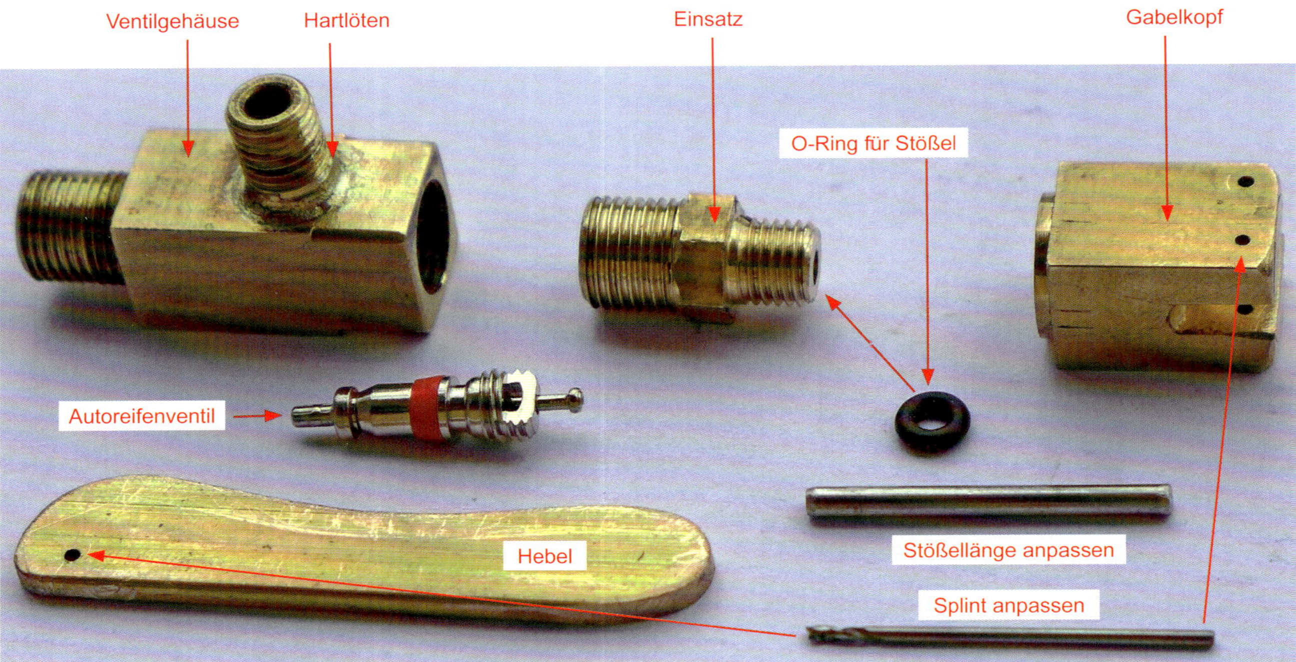

Bild 12: Variante 2 Einzelteile Dampfpfeifenventil mit Autoreifenventil

13 ANNEX E – Kesselspeiseventil

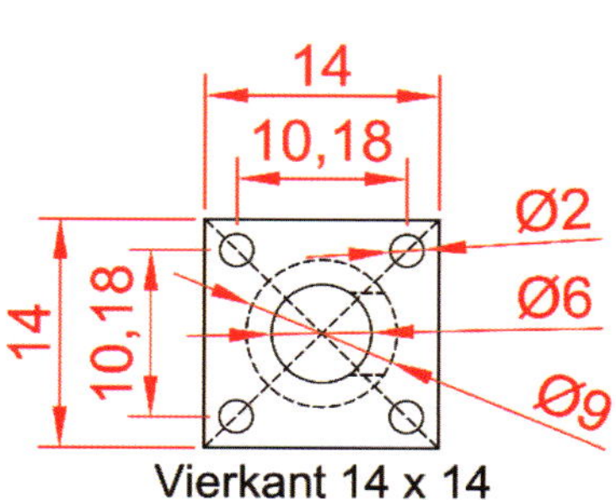

Zeichnung 34: Deckel/Flansch

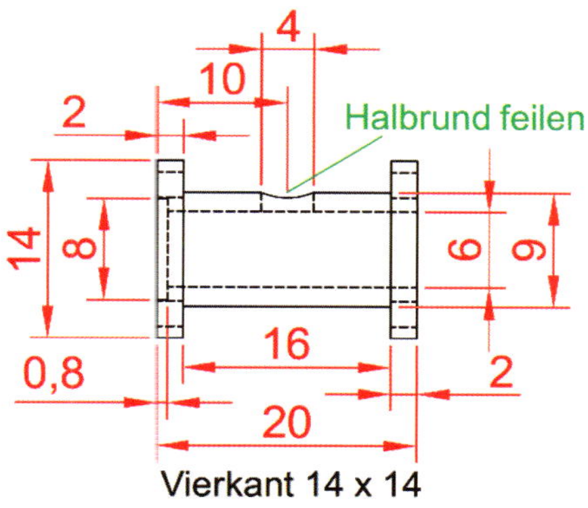

Zeichnung 35: Rückschlagventilgehäuse

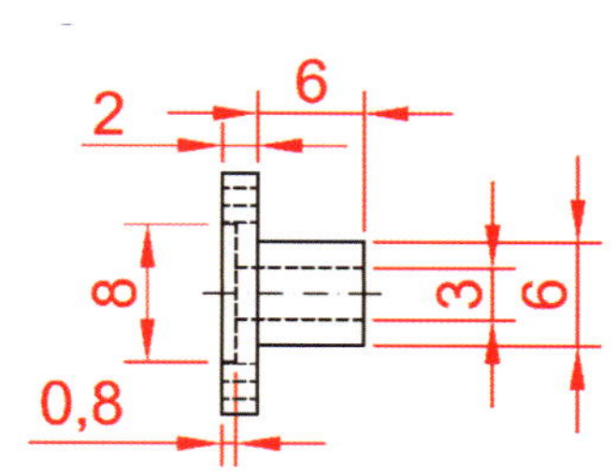

Zeichnung 36:
Seitenansicht Anschlussflansch

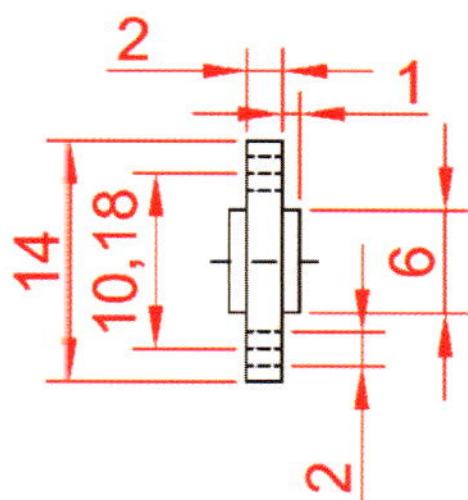

Zeichnung 37:
Seitenansicht Deckel

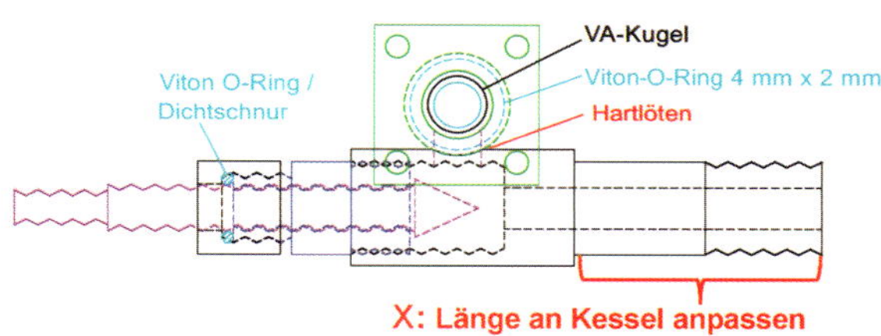

Zeichnung 38: Kesselspeiseventil

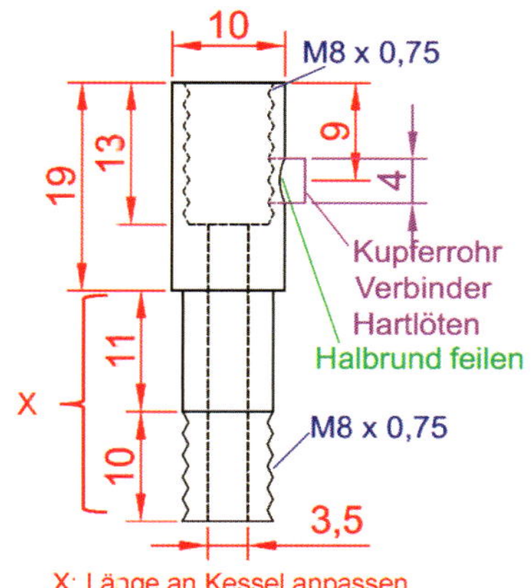

Zeichnung 39: Absperrventil

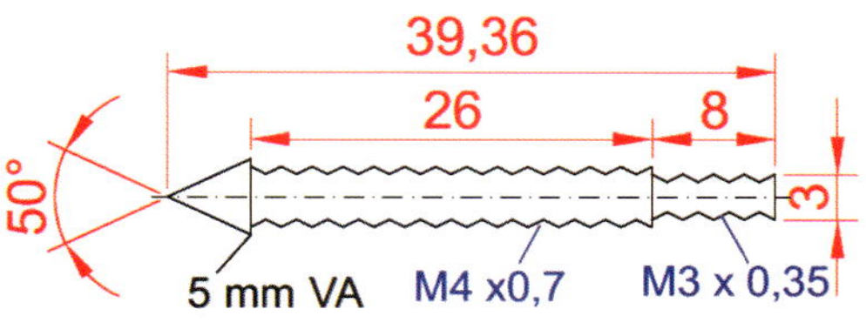

Zeichnung 40: VA-Spindel

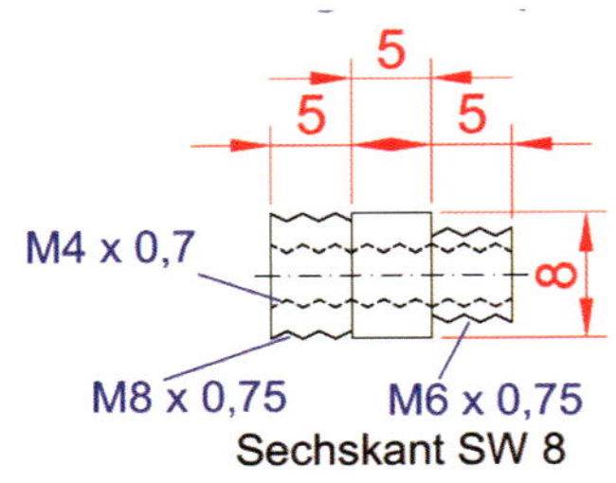

Zeichnung 41: Spindelführung

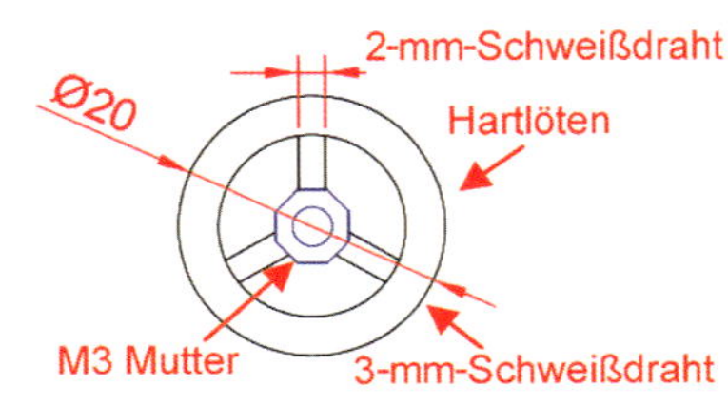

Zeichnung 42: Handrad

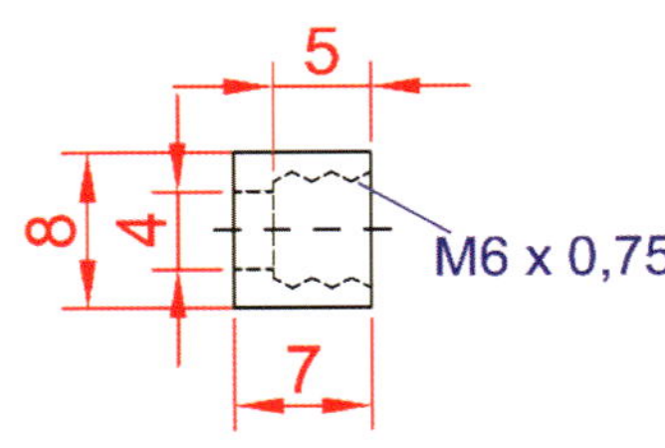

Zeichnung 43: Spindelmutter

Bild 13: Kesselspeiseventil Einzelteile

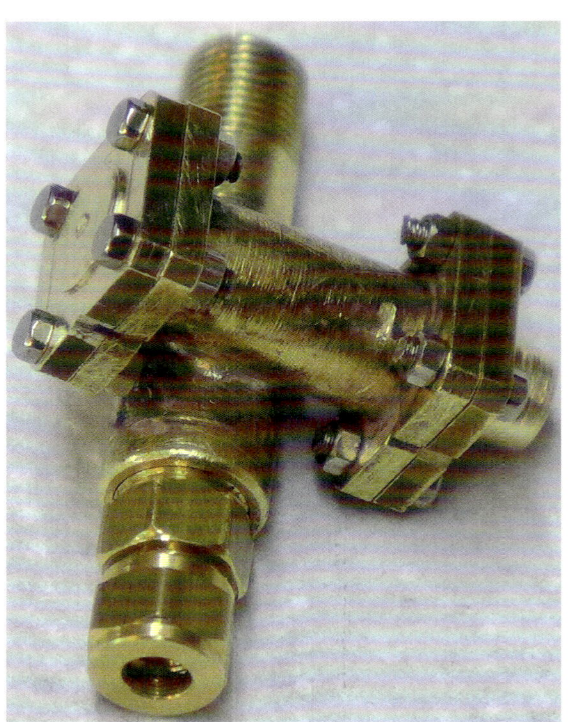

Bild 14: Kesselspeiseventil

14 ANNEX F – Ölpumpe – Variante 1 Einhubpumpe

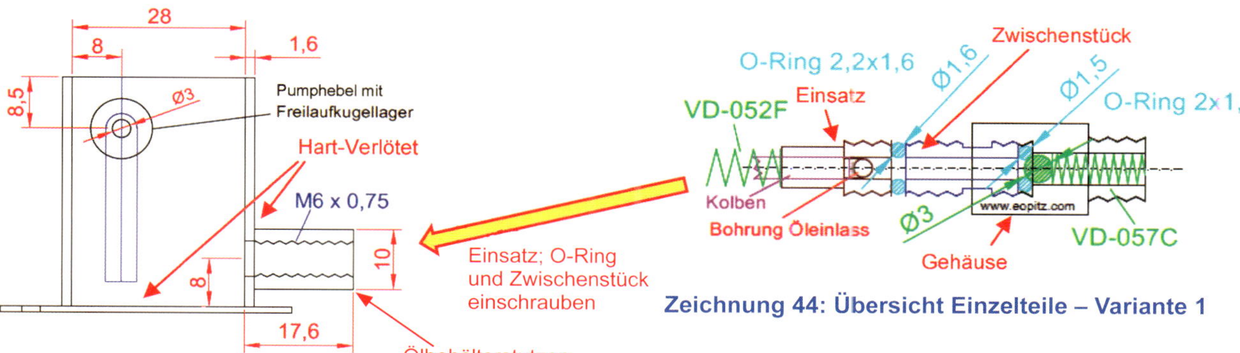

Zeichnung 44: Übersicht Einzelteile – Variante 1

Zeichnung 45: Ölbehälter – Variante 1

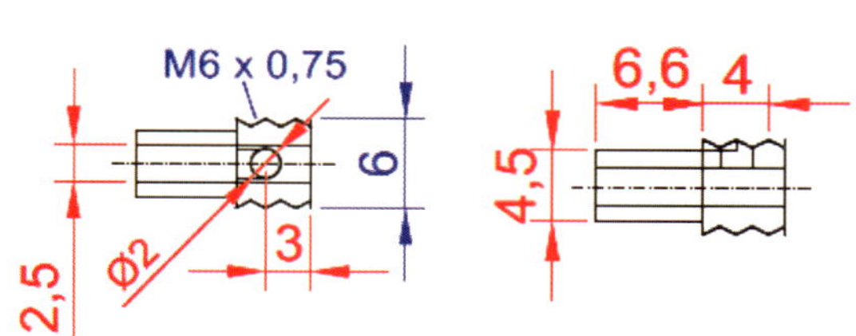

Zeichnung 46: Einsatz

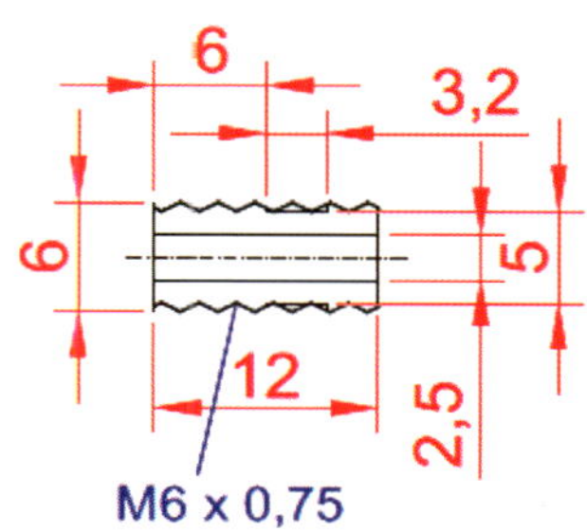

Zeichnung 47: Zwischenstück

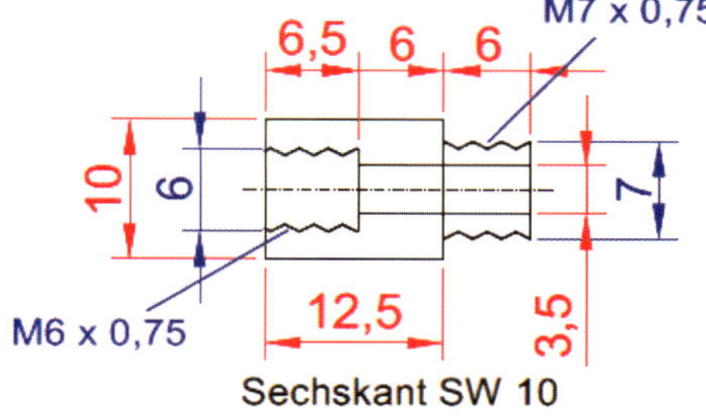

Zeichnung 48: Gehäuse

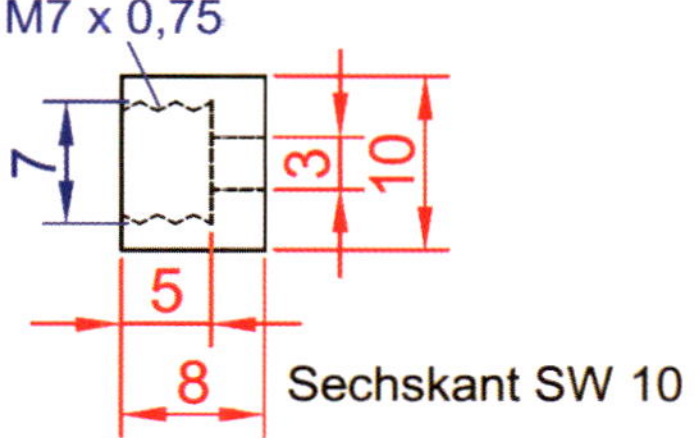

Zeichnung 49: Überwurfmutter

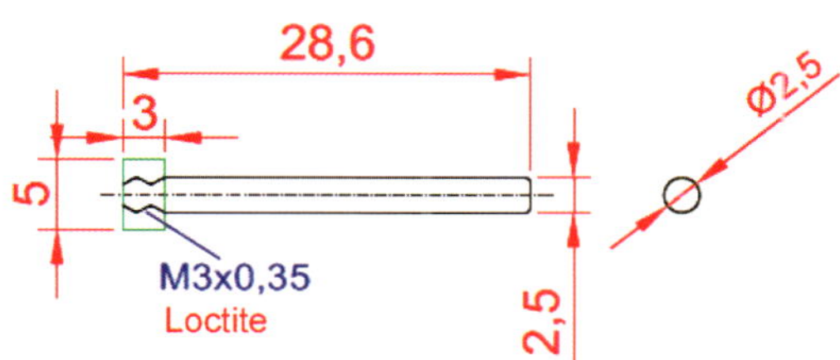

Zeichnung 50: Kolben

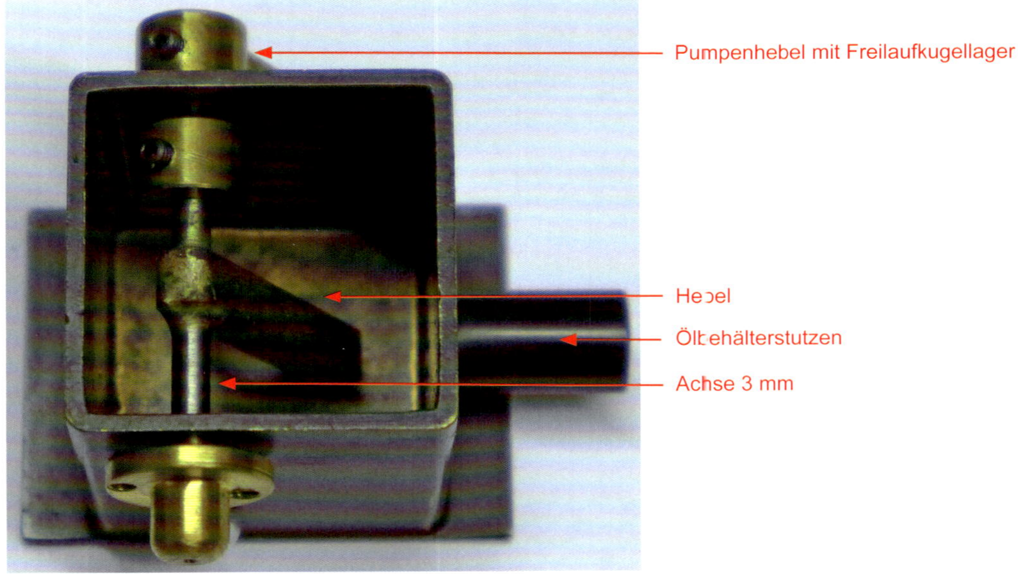

Bild 15: Ölpumpenbehälter – Variante 1

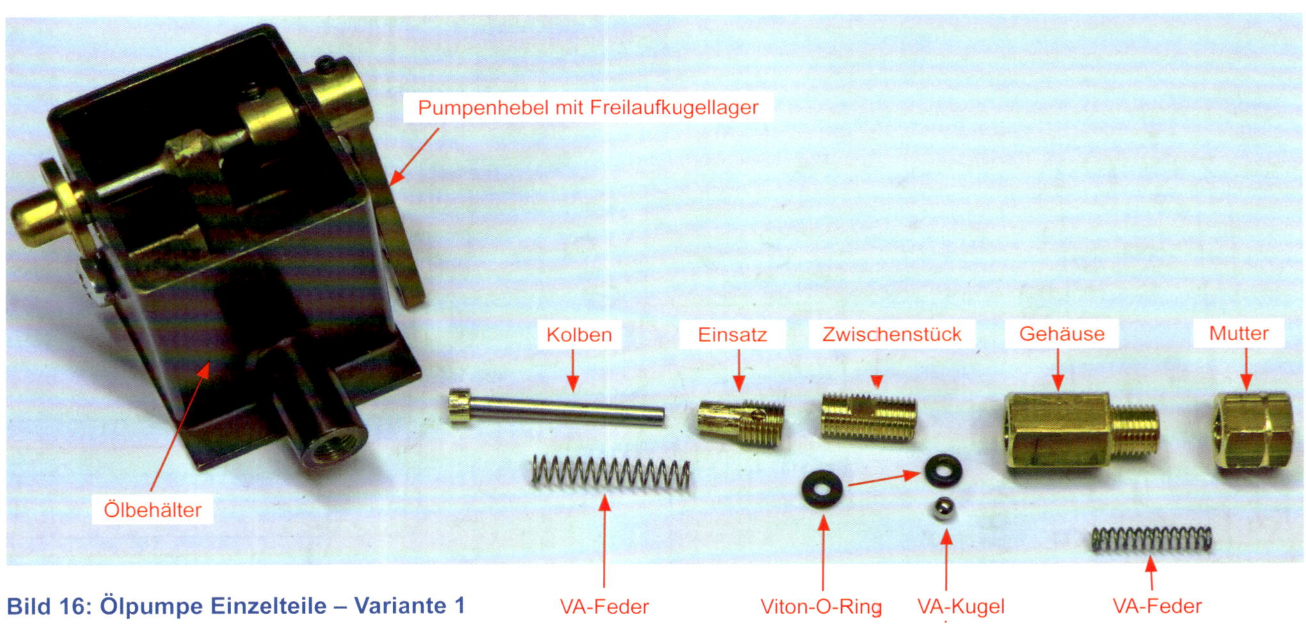

Bild 16: Ölpumpe Einzelteile – Variante 1

15 ANNEX G – Ölpumpe – Variante 2 Exzenter-Antrieb

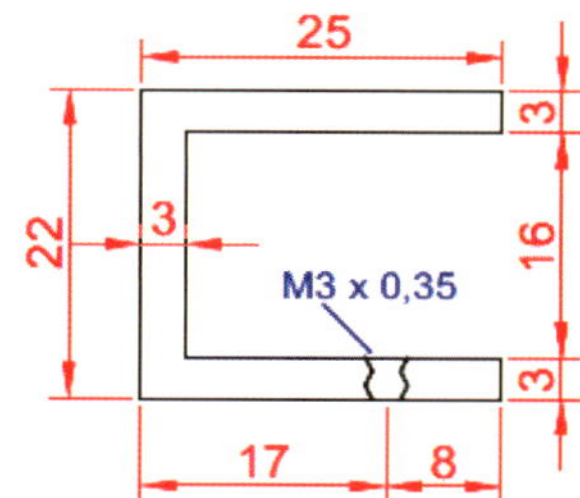

Zeichnung 51: Exzenterführung

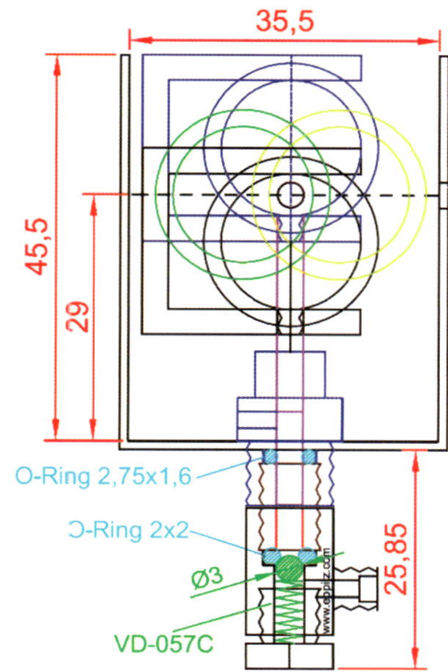

Zeichnung 52: Exzenter-Ölpumpe – Variante 2

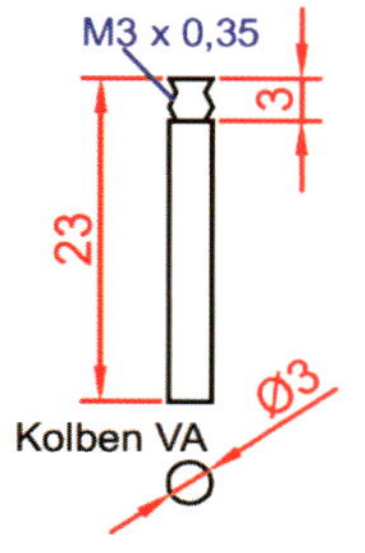

Zeichnung 53: Kolben

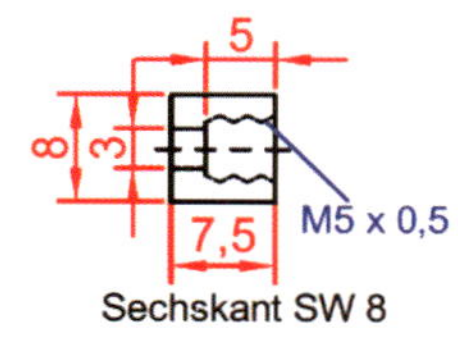

Zeichnung 54: Überwurfmutter

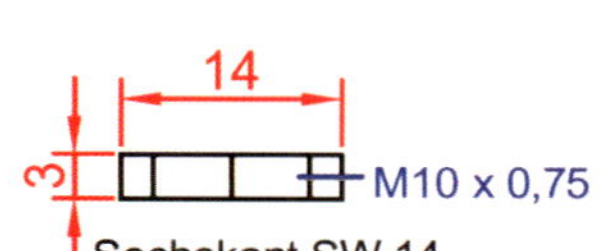

Zeichnung 55: Gehäusemutter

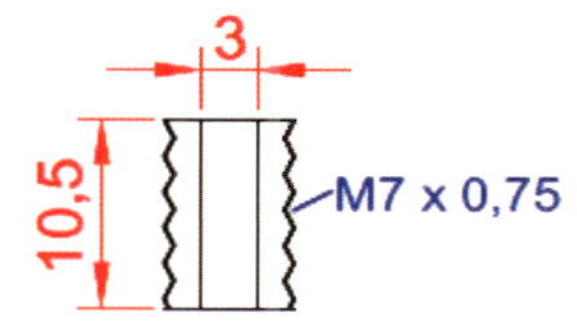

Zeichnung 57: Zwischenstück

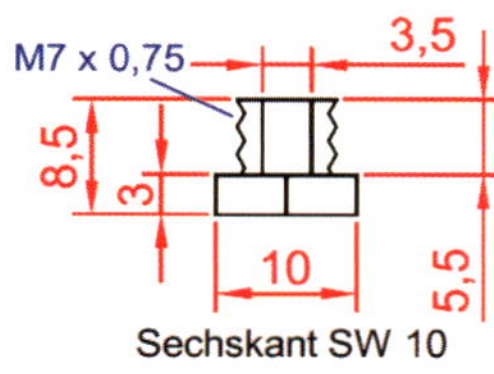

Zeichnung 58: Ölschraube

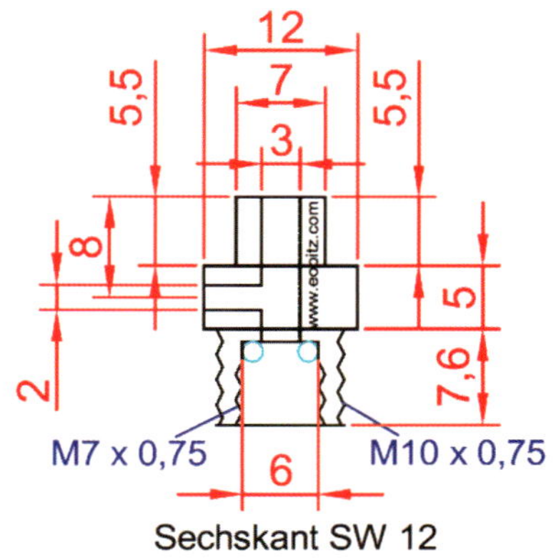

Zeichnung 56: Gehäuse

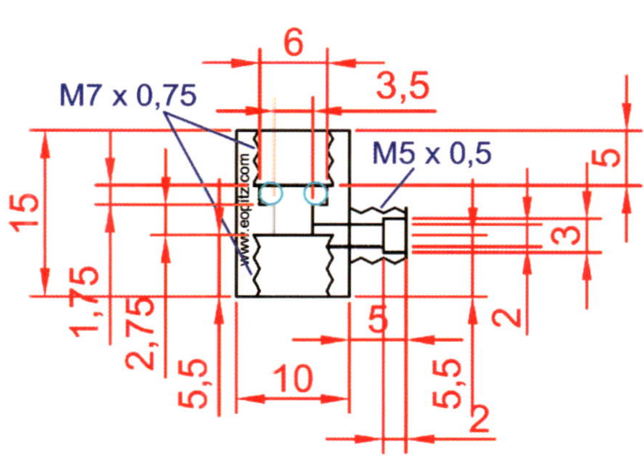

Zeichnung 59: Endstück

Ø20
Ø16
4,5
Ø3
3
M3x0,35
8,4

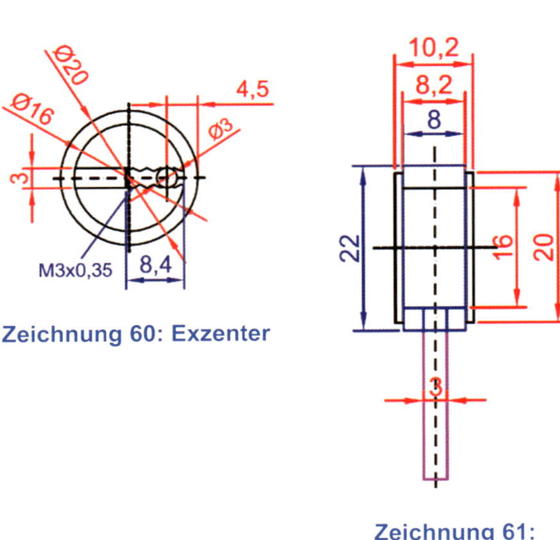

Zeichnung 60: Exzenter

10,2
8,2
8
22
16
20
3

Zeichnung 61: Exzenter Seitenansicht

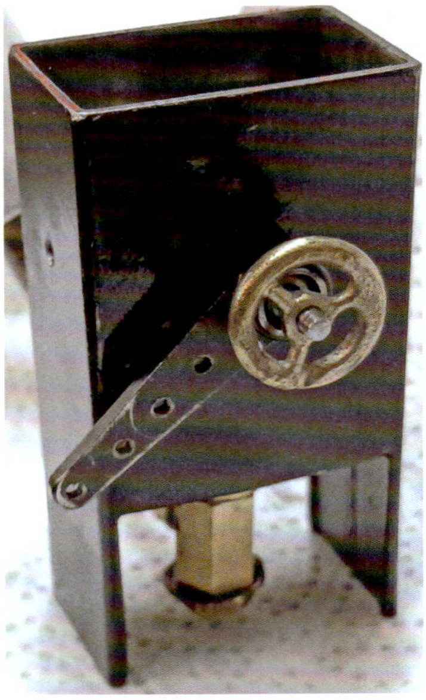

Bild 17: Ölpumpenbehälter – Variante 2

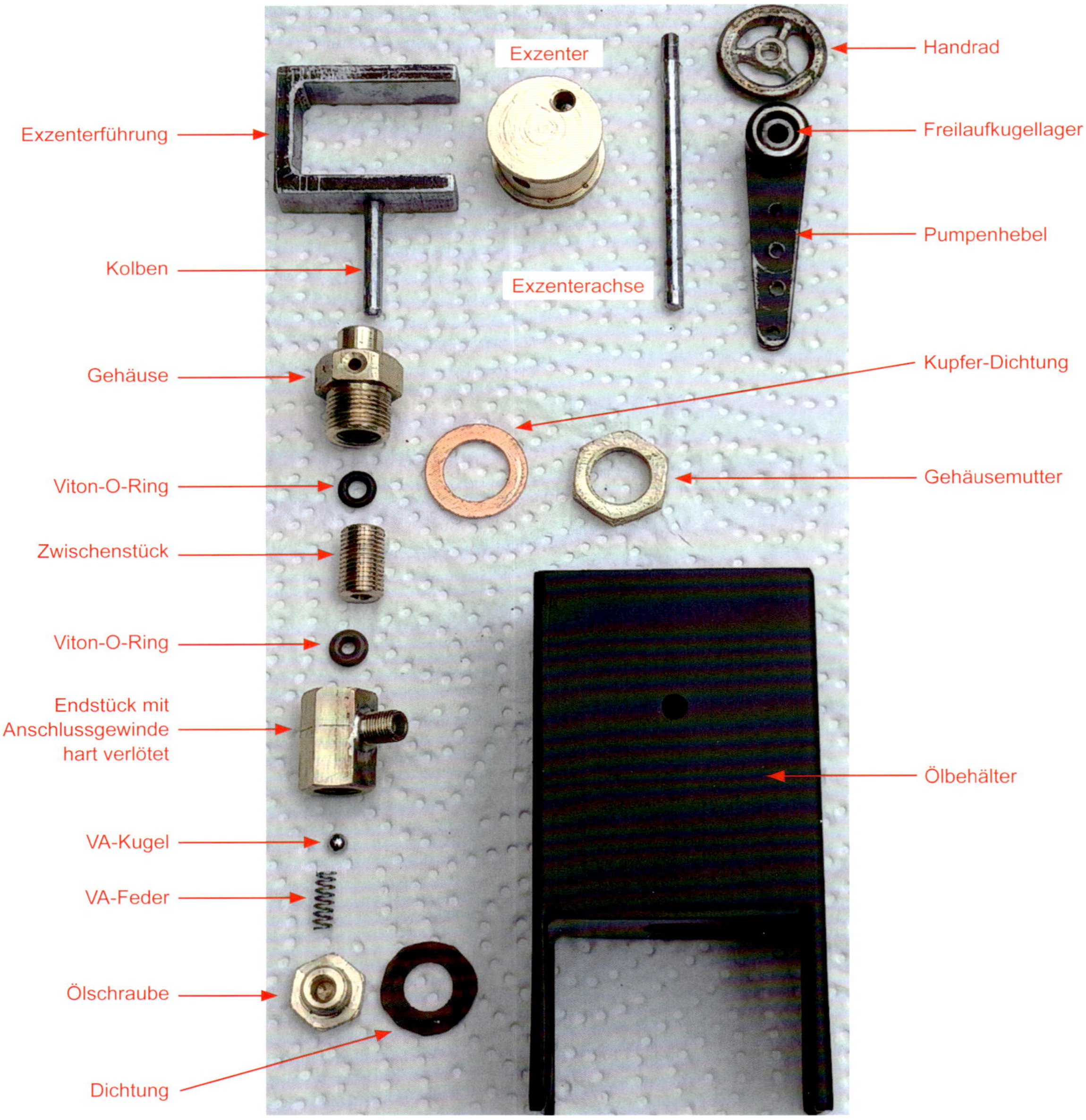

Exzenterführung
Kolben
Gehäuse
Viton-O-Ring
Zwischenstück
Viton-O-Ring
Endstück mit Anschlussgewinde hart verlötet
VA-Kugel
VA-Feder
Ölschraube
Dichtung
Exzenter
Exzenterachse
Handrad
Freilaufkugellager
Pumpenhebel
Kupfer-Dichtung
Gehäusemutter
Ölbehälter

Bild 18: Ölpumpe – Variante 2 Einzelteile

16 ANNEX H – Wasserpumpe Variante 1

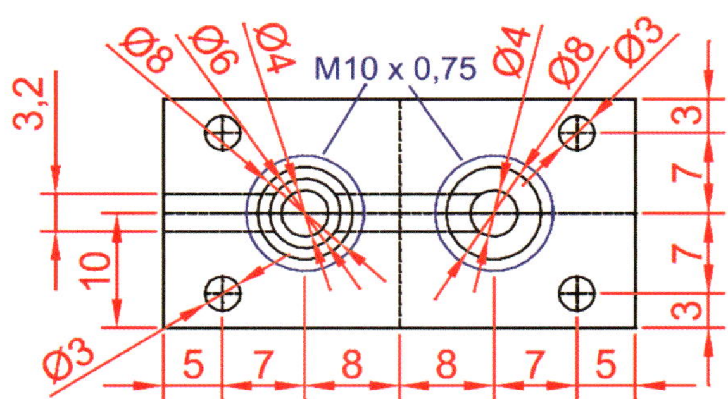

Zeichnung 62: Ventilgehäuse V1 Draufsicht

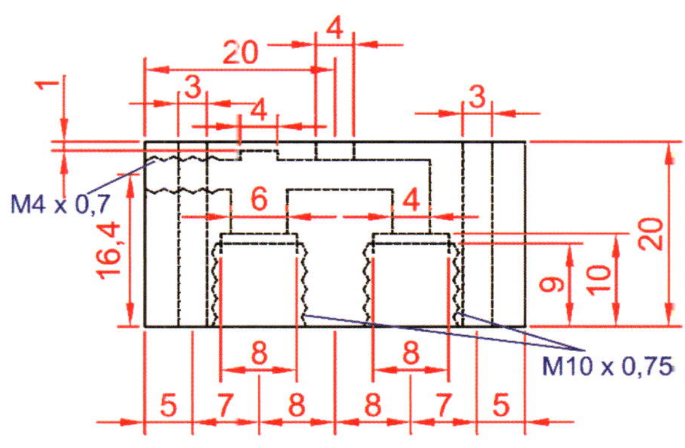

Zeichnung 63: Ventilgehäuse V1 Seitenansicht

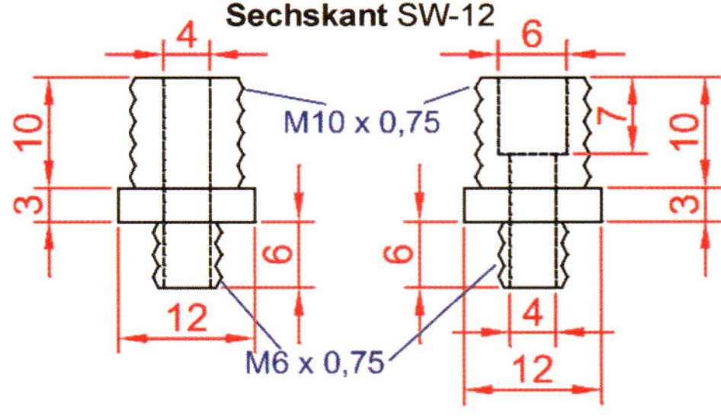

Zeichnung 64: Anschlussstücke

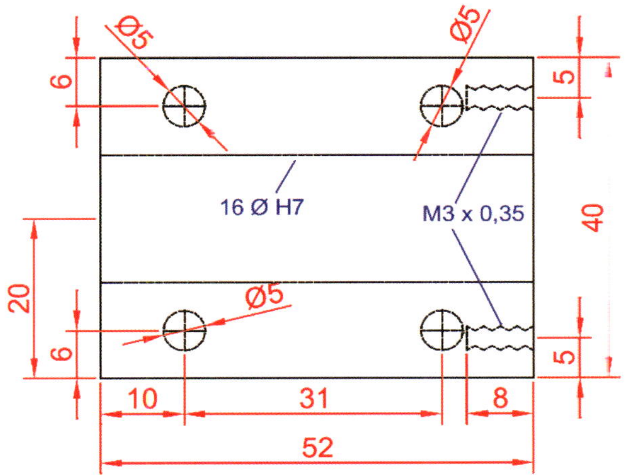

Zeichnung 65: Pumpengehäuse V1

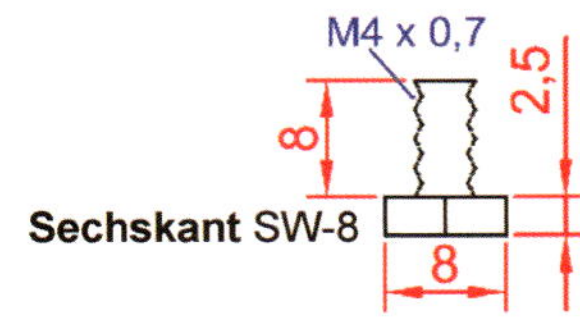

Zeichnung 66: Verschlussschraube V1

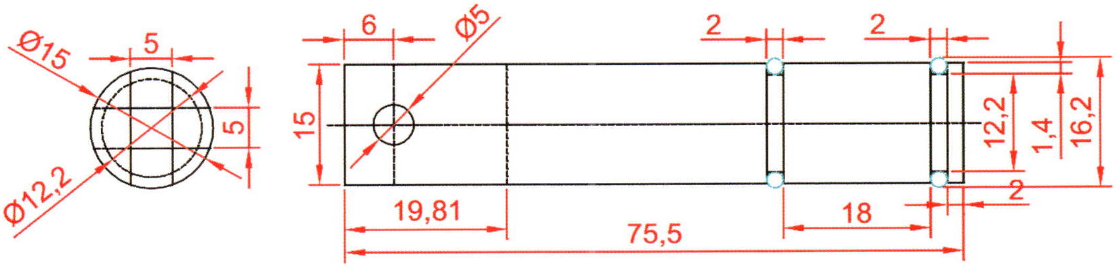

Zeichnung 67: Messingkolben V1

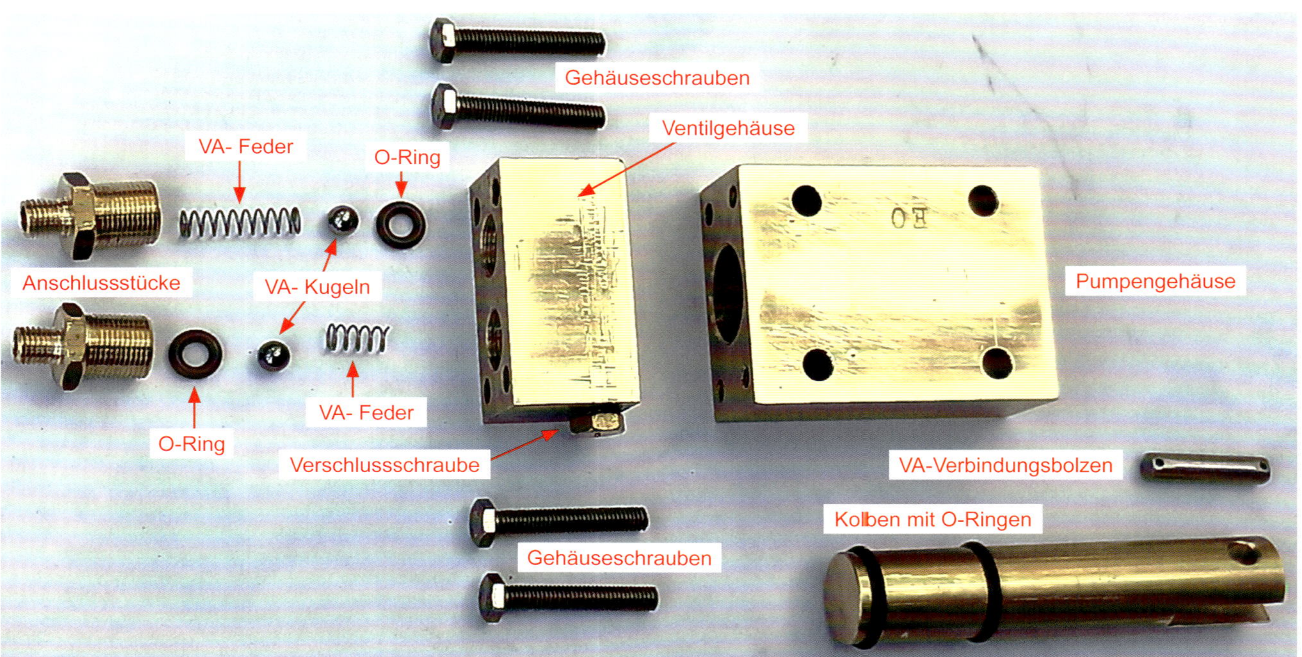

Bild 19: Wasserpumpe – Variante 1 Einzelteile

17 ANNEX I – Wasserpumpe Variante 2

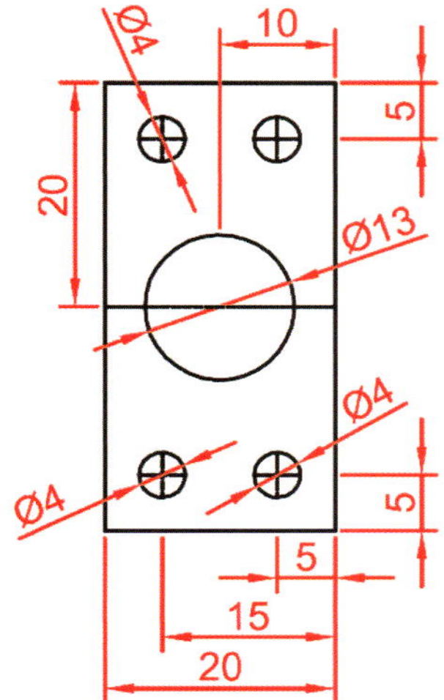

Zeichnung 68: Pumpendeckel

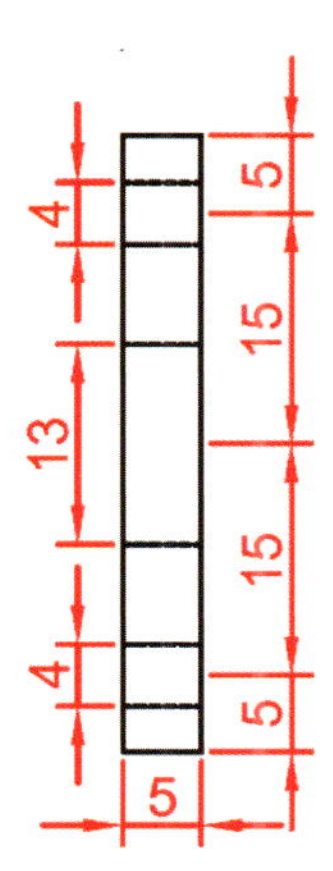

Zeichnung 69: Pumpendeckel Seitenansicht

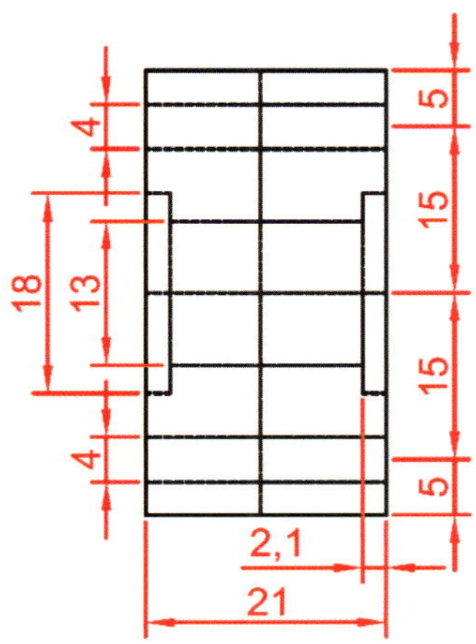

Zeichnung 70: Pumpenzwischenstück

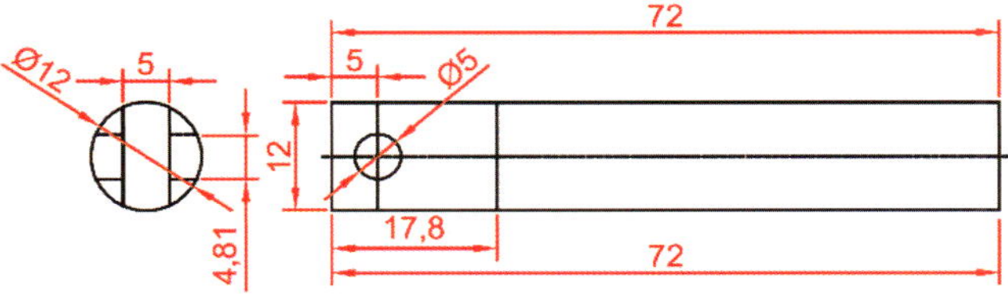

Zeichnung 71: Messingkolben V2

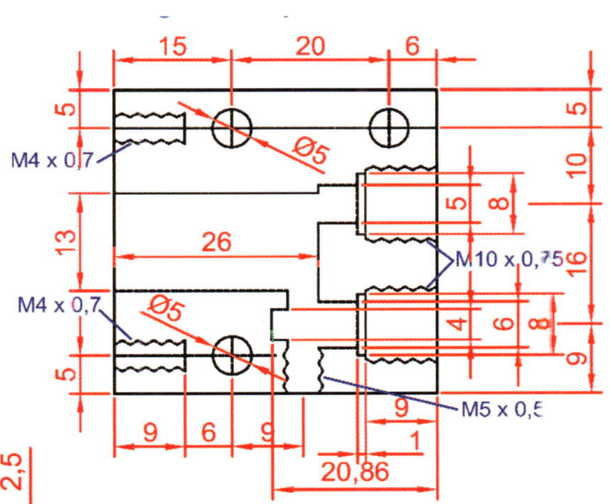

Zeichnung 72: Pumpengehäuse

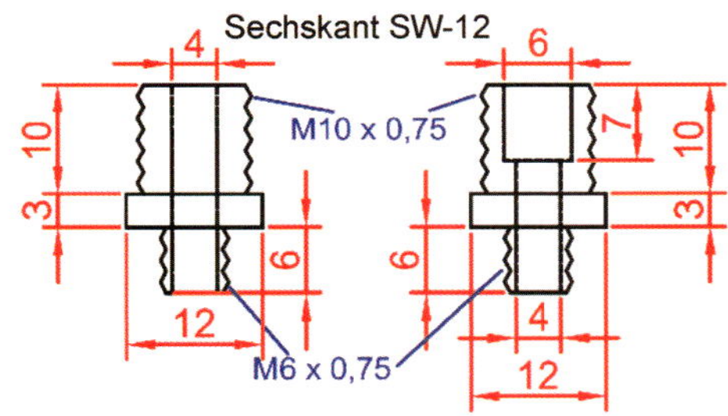

Zeichnung 73: Anschlussstücke

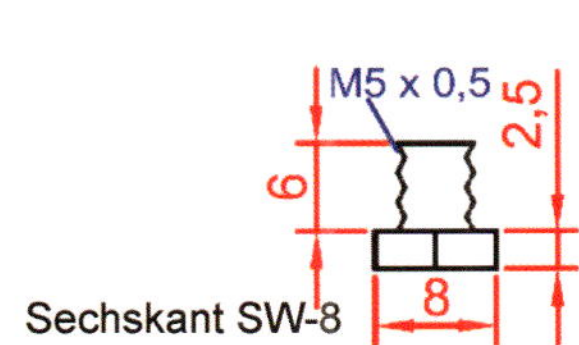

Zeichnung 74: Verschlussschraube V2

Bild 20: Wasserpumpe – Variante 2 Einzelteile

18 ANNEX J – Wasserpumpe – Handpumphebel

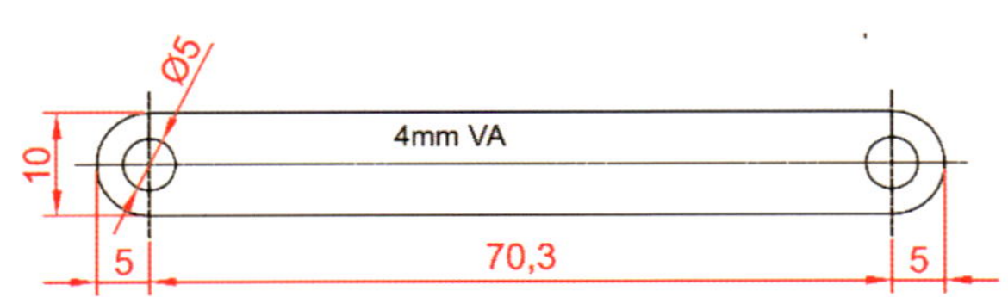

Zeichnung 75: Wasserpumpe – 2 x Pumphebelführung

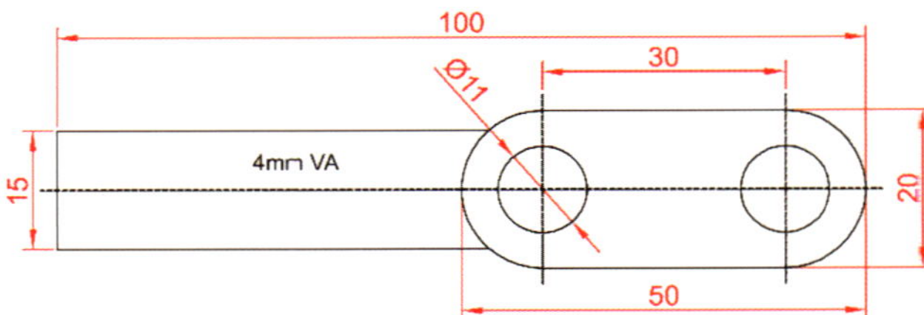

Zeichnung 76: Wasserpumpe – Handpumpenhebel

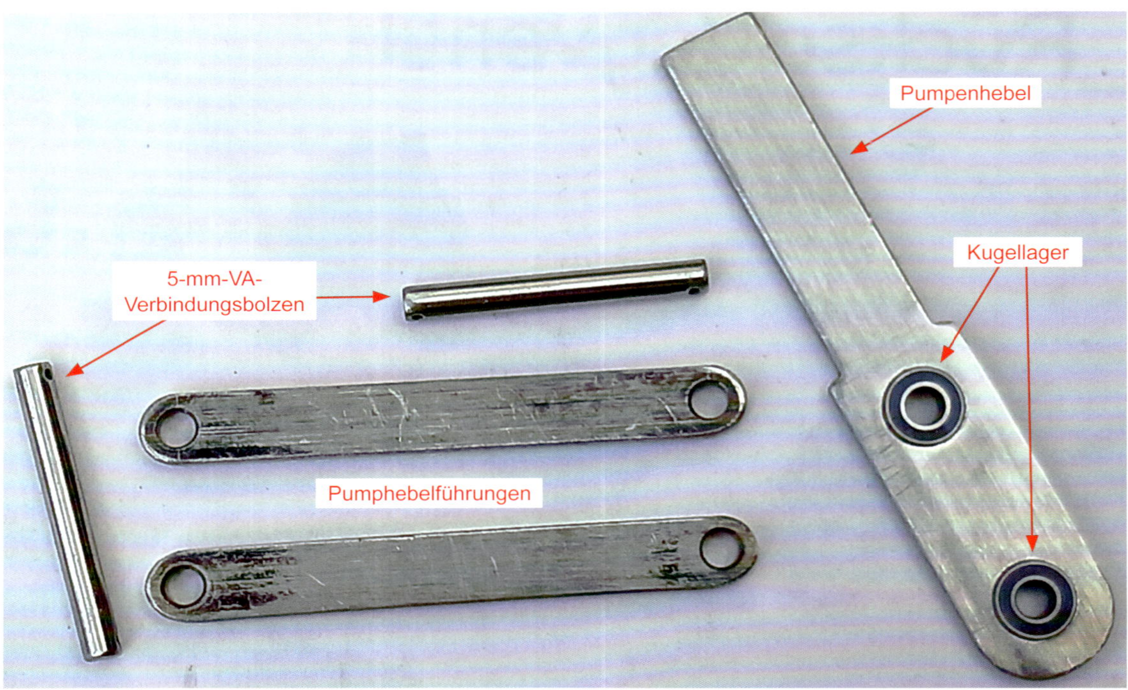

Bild 21: Einzelteile Handpumpenhebel

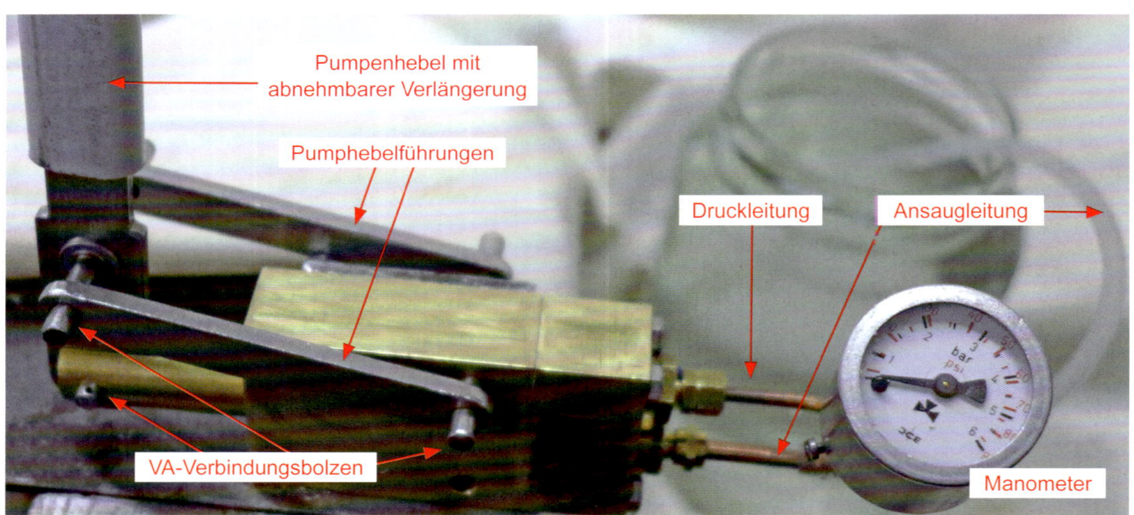

Bild 22: Aufbau Handpumpe

19 ANNEX K – Wasserpumpe – Motorantrieb / Teile

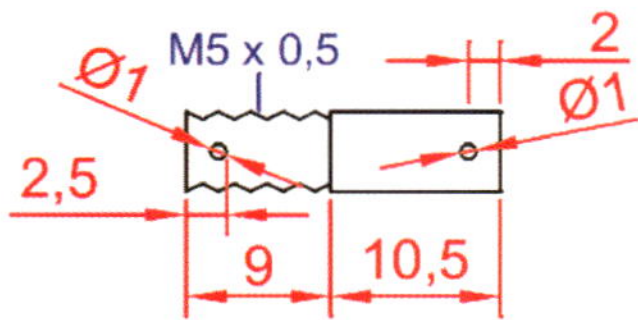

Zeichnung 77: 5-mm-VA-Treibzapfen

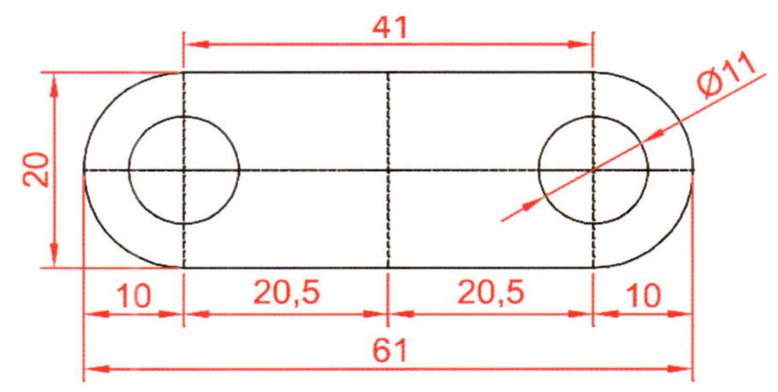

Zeichnung 79: Treibstange – 5-mm-Messing

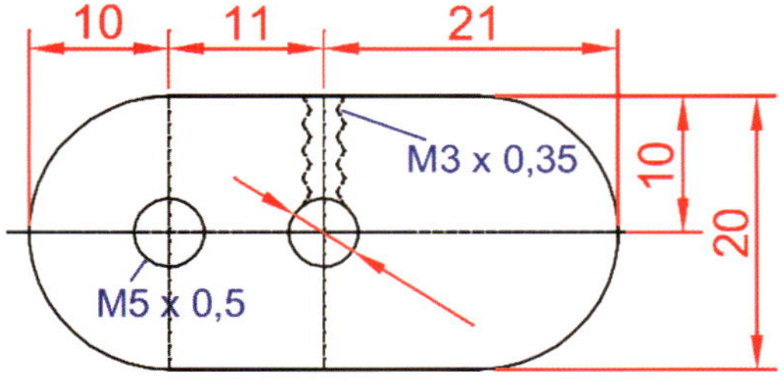

Zeichnung 78: Exzenter – 5-mm-Messing

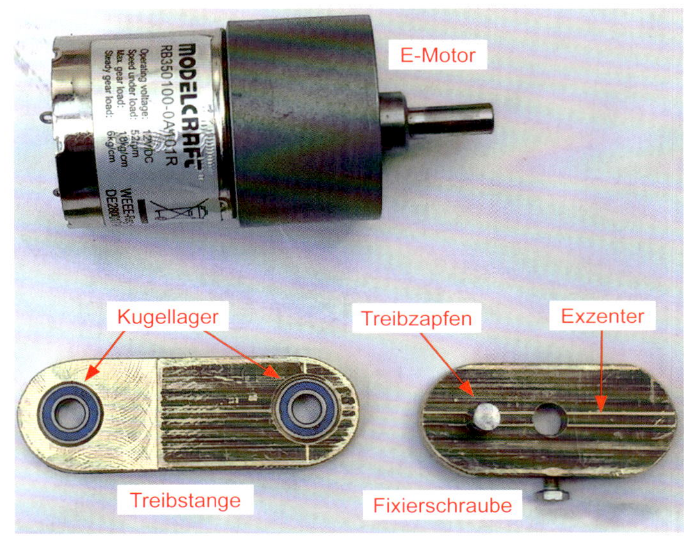

Bild 23 : Einzelteile E-Motor-Antrieb

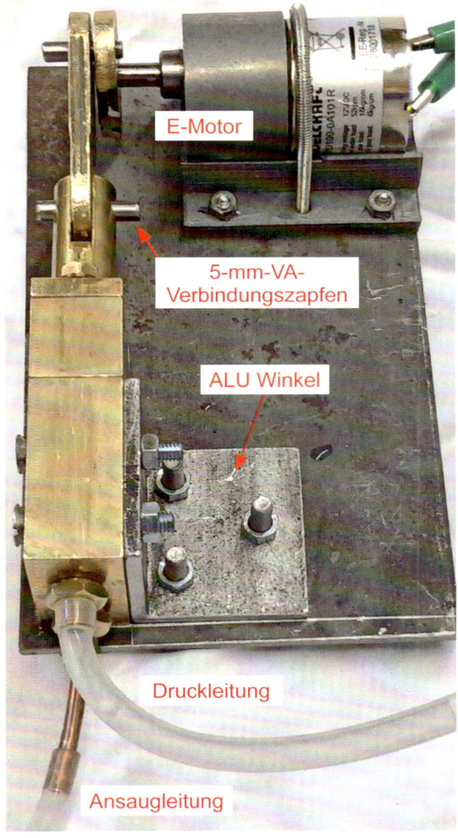

Bild 25: Aufbau E-Motor-Antrieb – 2

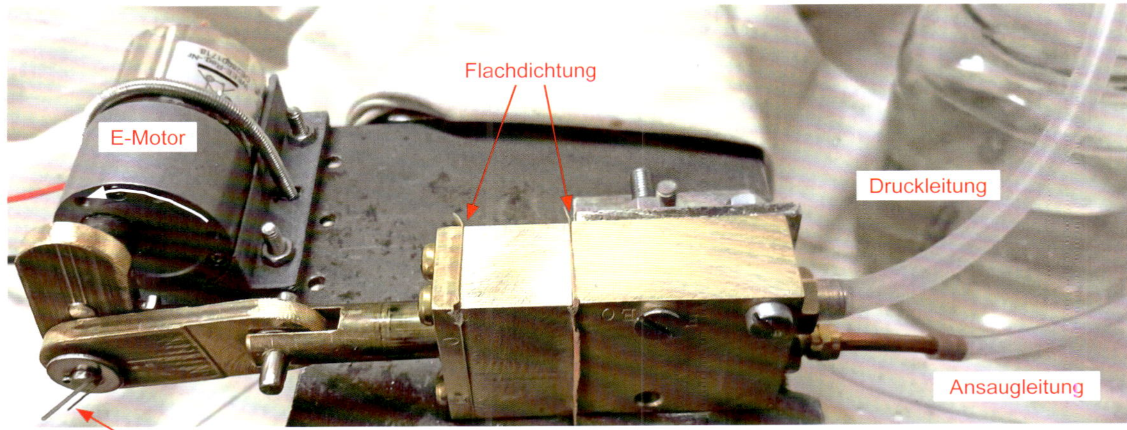

Bild 24: Aufbau E-Motor-Antrieb – 1

20 ANNEX L – Ölzufuhr

Um die gleichmäßige Ölschmierung der beiden Zylinder zu gewährleisten, sollte der Anschluss der Ölpumpe zentral an die Dampfzuleitung der beiden Zylinder erfolgen (**Zeichnung 80**). Wenn man die Ölzufuhr von der Seite realisiert (**Zeichnung 81**), besteht die Gefahr, dass ein Zylinder kein oder weniger Öl bekommt, da der Dampfstrom das Öl einseitig mitreißt und sich das Öl dadurch schlecht oder gar nicht auf beide Zylinder verteilt.

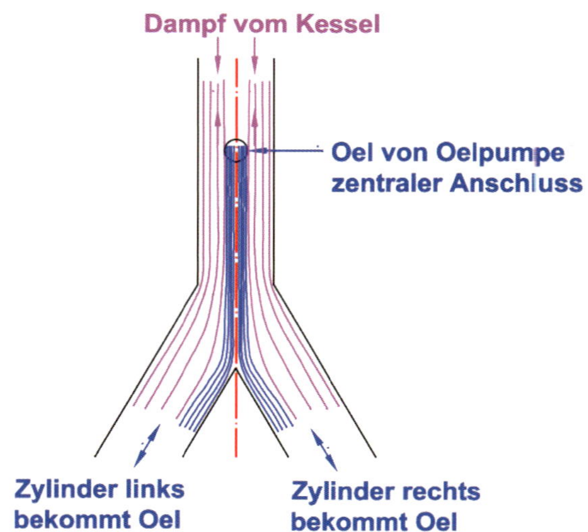

Zeichnung 80: Zentrale Ölzufuhr

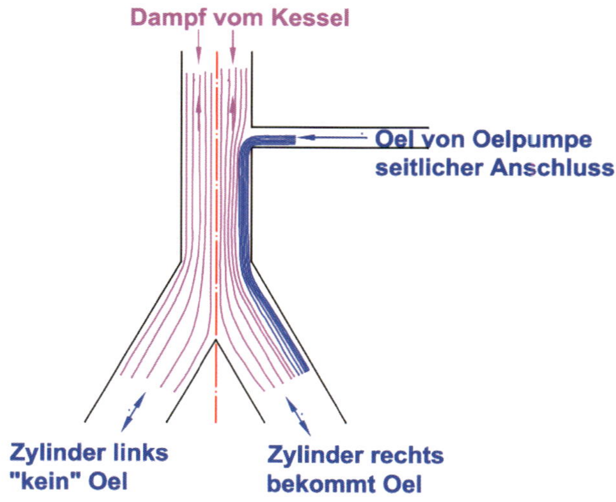

Zeichnung 81: Seitliche Ölzufuhr

21 ANNEX M – Temperatur und Dampfdruck

Da meine Dampflok mit einem Manometer und mit einem Thermometer ausgerüstet ist, habe ich eine Tabelle mit Bildern und der Temperatur-Druckabhängigkeit zusammengestellt.

Zur Information: Das Aprilwetter war regnerisch und um die ~ 9 °C, und die Bilder wurden mit zwei verschiedenen Kameras aufgenommen.

Es folgt Tabelle 1: Temperatur und Dampfdruck

Temperatur [°C]	Druck [bar]	Bild
~ 65	~ 0,0	 Bild 26: ~65 °C
~ 104	~ 0,0	 Bild 27: ~104 °C
~ 108	~ 0,2	 Bild 28: ~108 °C

Temperatur [°C]	Druck [bar]	Bild
~ 120	~ 1,0	 Bild 29: ~120 °C
~ 134	~ 1,8	 Bild 30: ~134 °C
~ 141	~ 2,4	 Bild 31: ~141 °C
~ 150	~ 3,5	 Bild 32: ~150 °C

Temperatur [°C]	Druck [bar]	Bild
~ 161	~ 5,0	 Bild 33: ~161 °C
~ 170	~ 7,0	 Bild 34: ~170 °C
~ 178	~ 9,0	 Bild 35: ~180 °C
~ 184	~ 11,0	 Bild 36: ~184 °C

Das folgende Bild fasst die Abhängigkeit der gemessenen Temperatur- und Druckwerte in einer Grafik zusammen:

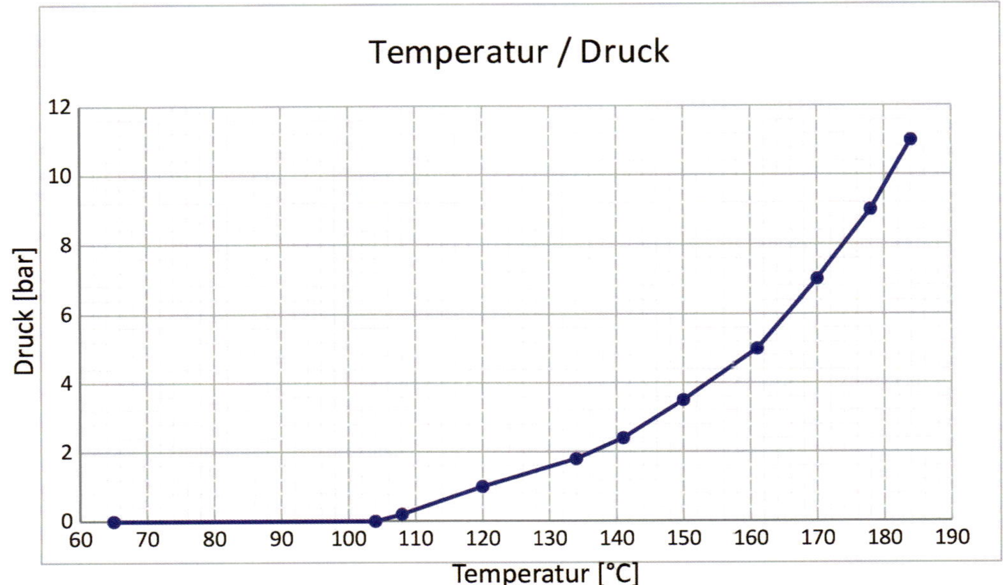

Bild 37: Temperatur und Kesseldruck

22 ANNEX N – FPM/FKM / Viton®-O-Ringe

FPM/FKM ist vergleichbar mit Viton ®

Viton® ist eine Marke von DuPont Performance Elastomers

Temperaturbereich: - 20 °C bis 200 °C

- Exzellente Mineralöl-Beständigkeit
- Exzellente Kohlenwasserstoff-Beständigkeit (aliphatische und aromatische)
- Exzellente Chlorkohlenwasserstoff-Beständigkeit
- Exzellente Säure-Beständigkeit
- Exzellente Beständigkeit gegen schwache Laugen
- Hohe mechanische Werte
- Hervorragende Alterungsbeständigkeit
- Sehr geringe Gasdurchlässigkeit
- Sehr guter Druckverformungsrest
- Universalwerkstoff für O-Ringe

Referenz: https://www.hug-technik.com/viton-o-ring.html

Notizen

Notizen

Ein weiteres Buch vom Autor

WALSCHAERT/HEUSINGER-STEUERUNG

für Dampflokomotiven im Maßstab 1:11 (5 Zoll)

von Erek Opitz

ISBN 978-3-7883-1129-2

Umfang	80 Seiten
Format	DIN A4
Best.-Nr.	**129**
Preis	**€ 16,90 [D]**

Ein Buch für alle Liebhaber des originalgetreuen Dampfmodellbaus, da der weitaus größte Teil der europäischen Dampflokomotiven mit dieser Steuerung ausgestattet wurde. Lernen Sie in einfachen und direkten Schritten, eine eigene WALSCHAERT/HEUSINGER-STEUERUNG mit Kolbenschieber zu berechnen und zu konstruieren.

Grundkenntnisse der Steuervorgänge und die Bezeichnung der einzelnen Komponenten dieser Steuerung sollten vorhanden sein. Für die Berechnung der inneren Steuerung wurden erprobte Formeln herangezogen und die Ergebnisse mit den Werten eines Bauplans einer BR 38 verglichen. In dem hier betrachteten Beispiel soll die Steuerung für die BR 80 im Maßstab 1:11 (5 Zoll) nachgebaut werden. Als Konstruktionsvorlage dient eine Seitenansicht einer BR 80. Unter Berücksichtigung der originalen verfügbaren Daten wurde die Seitanansicht der BR 80 maßstabsgetreu umgerechnet.

Neckar-Verlag GmbH
Klosterring 1 • 78050 Villingen-Schwenningen
Telefon +49 (0)77 21 / 89 87-38
bestellungen@neckar-verlag.de • www.neckar-verlag.de

Leseempfehlung

Dampf 48: Armaturenbau und Kleinkram für Dampfmaschinen

Betrachtet man ein Dampfmaschinen- oder Heißluftmotorenmodell genauer, dann löst es sich in viele „Kleinprojekte“ auf, die nacheinander und miteinander konfektioniert werden müssen, um schließlich eine gute Funktionsfähigkeit zu erlangen.

Wen würde es nicht mit Stolz erfüllen, wenn man sagen könnte: „Ja, die Hähne an der Maschine habe ich alle selbst gebaut ...“.

Das Buch richtet sich an Modellbauer, die optimal im Besitz einer Kleindrehmaschine sind und sich an kleinere Projekte heranwagen wollen.

Es wird beschrieben, wie man mit überschaubarem Aufwand Zubehör für das Dampfhobby selbst bauen kann. Die beschriebenen Entwürfe, die der Autor alle persönlich umgesetzt und getestet hat, sind bewusst einfach gehalten. Eine Fräsmaschine ist nicht erforderlich.

Ein besonderer Schwerpunkt ist auf das Thema „Brenner“ gesetzt, wobei verschiedene Varianten von Spiritusbrennern zum Nachbau beschrieben werden. Es muss nicht immer Gas sein. Spiritus war schließlich der klassische Brennstoff für Modelldampfmaschinen und Heißluftmotoren.

ISBN 978-3-7883-1166-7

Umfang	74 Seiten	Format	DIN A4
Best.-Nr.	**16-2022-02**	**Preis**	**€ 19,90 [D]**

Dampf 43: Auslegung von (Modell-)Dampfmaschinen

Dampf 43 richtet sich sowohl an interessierte Neueinsteiger sowie auch an alle „alten Hasen“, die gerne tiefer in die Materie technisch-physikalischer Zusammenhänge im Steuerungsbereich einsteigen möchten. Das Buch liefert einen Überblick über die vielfältigen Maschinen- und Steuerungsvarianten von (Modell-)Dampfmaschinen. Beschreibungen des Kreisprozesses einer Kolbendampfmaschine helfen, die Dimensionierungsgrundlagen zu vermitteln. Darauf aufbauend folgt die Berechnung der Kanal- und Schieberabmessungen, die Zusammenhänge werden zudem durch Schieberdiagramme aufgezeigt. Die Theorie wird anhand einer anschaulichen Baubeschreibung sowie eines vollständigen Zeichnungssatzes für eine funktionierende Modelldampfmaschine in die Praxis umgesetzt.

ISBN 978-3-7883-2147-5		2. überarbeitete Auflage 2021	
Umfang	120 Seiten	Format	DIN A4
Best.-Nr.	**16-2016-01**	**Preis**	**€ 23,50 [D]**

01
024
ISSN 1616-9298
€ 9,40 [D] € 10,10 [A]
€ 10,30 [EU] sfr 16,20
E 54336
Journal Dampf Heißluft
MAGAZIN FÜR MODELLBAUER UND NOSTALGIE-FANS
Journal Dampf & Heißluft

England: Eine Reise auf den Spuren der Industriekultur
▸ Stirlingmotor Theo ▸ Versuche an Heißluftmotoren, Wartung und Inspektion
▸ Welt der Technik – Teil 8 ▸ Stirlingmotor mit Ross-Betrieb – Teil 1

Journal Dampf & Heißluft
Bauplan-Kollektion

Bauplan-Kollektion 4

Acht interessante Konstruktionen komplett mit Bauplänen

ISBN 978-3-7883-2194-9
Umfang 74 Seiten, DIN A4
Best.-Nr. 43-2023-01
Preis € 19,90 [D]

Die Baupläne stammen allesamt von unserem langjährigen Autor Ernst-Arno Kruse und sind für Einsteiger und Profis gleichermaßen geeignet.

Die umfangreichen Zeichnungen sind leicht verständlich. Ausführlich erklärende Texte mit aussagefähigen Fotos runden die durch Typenvielfalt geprägte Sonderausgabe Bauplan-Kollektion 4 zu einem Gesamtwerk ab.

Folgende Baupläne sind enthalten:

- TSM-02
- Vakuummotor „VM 275"
- Dampfmaschine „KS-212"
- Dampfmaschine „OZB-01"
- Vakuummotor „VM-184"
- Vakuummotor „VB-01"
- Dampfmaschine „OZ-3S"
- Dampfmaschine „DZ-16"

Weitere Ausgaben der Bauplan-Kollektion

Bauplan-Kollektion für Einsteiger und Profis

Neun interessante Maschinen zum Nachbauen, mit kompletten Bauplänen

ISBN 978-3-7883-1128-5
Umfang 98 Seiten, DIN A4
Best.-Nr. 43-2012-01
Preis € 14,90 [D]

Bauplan-Kollektion 3

Acht interessante Konstruktionen mit Bauplänen von Karl Jenczok

ISBN 978-3-7883-1140-7
Umfang 124 Seiten, DIN A4
Best.-Nr. 43-2022-01
Preis € 19,90 [D]

Bauplan-Kollektion 2

Acht interessante Konstruktionen zum Nachbauen, mit kompletten Bauplänen

ISBN 978-3-7883-2120-8
Umfang 112 Seiten
Format DIN A4
Best.-Nr. 43-2017-01
Preis € 16,90 [D]

Neckar-Verlag GmbH
Klosterring 1 • 78050 Villingen-Schwenningen
Telefon +49 (0)77 21 / 89 87-38
bestellungen@neckar-verlag.de • www.neckar-verlag.de